高职高专教育土建类专业

顶岗实习标准（二）

全国住房和城乡建设职业教育教学指导委员会　编

中国建筑工业出版社

图书在版编目(CIP)数据

高职高专教育土建类专业顶岗实习标准(二)/全国
住房和城乡建设职业教育教学指导委员会编. —北
京：中国建筑工业出版社，2016.8
ISBN 978-7-112-19438-4

Ⅰ.①高… Ⅱ.①全… Ⅲ.①土木工程-实习-高等
职业教育-教材 Ⅳ.①TU-45

中国版本图书馆 CIP 数据核字(2016)第 103215 号

责任编辑：朱首明 刘平平
责任设计：李志立
责任校对：李美娜 党 蕾

高职高专教育土建类专业顶岗实习标准 （二）
全国住房和城乡建设职业教育教学指导委员会 编
*
中国建筑工业出版社出版、发行（北京西郊百万庄）
各地新华书店、建筑书店经销
北京红光制版公司制版
北京君升印刷有限公司印刷
*
开本：787×1092 毫米 1/16 印张：7¼ 字数：170 千字
2016 年 7 月第一版 2016 年 7 月第一次印刷
定价：**21.00** 元
ISBN 978-7-112-19438-4
(28687)

前　言

为了推动土建类专业校企合作、工学结合人才培养模式改革，保证顶岗实习效果，提高人才培养质量，原高职高专教育土建类专业教学指导委员会组织研究制定了建筑设备工程技术、建筑电气工程技术、建筑智能化工程技术、工业设备安装工程技术、消防工程技术、市政工程技术、房地产经营与估价7个土木建筑类高职专业的顶岗实习标准，与该7个专业已经颁布的专业教学基本要求配套使用。

各专业顶岗实习标准的主要内容是：总则、术语、实习基地条件、实习内容与实施、实习组织管理。

土建类专业顶岗实习标准依据专业能力和知识的基本要求制定，明确了土建类专业顶岗实习的目标与任务、内容与要求、考核与评价等内容，是高等职业教育土建类专业顶岗实习的指导性文件，适用于以普通高中毕业生为招生对象、三年学制的土建类专业。

土建类专业顶岗实习标准是根据住房和城乡建设部人事司的要求，在原高职高专教育土建类专业教学指导委员会的组织下，各专业教学分指导委员会和有关院校、行业企业专家共同完成的。各专业主要执笔人为：建筑设备工程技术专业张玲、黄奕沄，建筑电气工程技术专业孙毅、董娟，建筑智能化工程技术专业谢社初、张小明，工业设备安装工程技术专业郭荣伟、高文安，消防工程技术专业高歌、王文琪，市政工程技术专业谭翠萍、边喜龙，房地产经营与估价专业朱江、应佐萍。吴泽、胡兴福拟定了框架体例，吴泽、胡兴福、向伟负责统稿。全国住房和城乡建设职业教育教学指导委员会向所有参与人员表示衷心感谢，并希望全国各有关院校能够在本文件的指导下，进行积极的探索和深入的研究，为不断完善顶岗实习运行管理和实习基地建设做出自己的贡献。

全国住房和城乡建设职业教育教学指导委员会

2016 年 4 月

目　　录

高职高专教育建筑设备工程技术专业

顶岗实习标准

1. 总　则

1.0.1　为了推动建筑设备工程技术专业校企合作、工学结合人才培养模式改革，保证顶岗实习效果，提高人才培养质量，特制定本标准。

1.0.2　本标准依据建筑设备工程技术专业学生的专业能力和知识的基本要求制定，是《高职高专教育建筑设备工程技术专业教学基本要求》的重要组成部分。

1.0.3　本标准是学校组织实施建筑设备工程技术专业顶岗实习的依据，也是学校、企业合作建设建筑设备工程技术专业顶岗实习基地的标准。

1.0.4　建筑设备工程技术专业顶岗实习应达到的教学目标是：

（1）使学生充分感受企业文化、体验职业环境、树立职业理想、遵守行业规程，养成良好的职业道德和职业素养。

（2）培养学生吃苦耐劳、热爱本职工作的职业精神。

（3）增强学生质量意识和安全生产意识。

（4）增强学生团队协作能力及组织协调和沟通交往意识。

（5）使学生能够将所学知识与技能综合应用于工程实践，获取初步的岗位工作经验。

1.0.5　建筑设备工程技术专业的顶岗实习，除应执行本标准外，尚应执行《高职高专教育建筑设备工程技术专业教学基本要求》和国家相关法律法规。

2. 术　语

2.0.1　顶岗实习

顶岗实习是指高等职业院校根据专业培养目标要求，组织学生以准员工的身份进入企（事）业等单位专业对口的工作岗位，直接参与实际工作过程，完成一定工作任务，以获得初步的岗位工作经验、养成良好职业素养的一种实践性教学形式。

2.0.2　顶岗实习基地

顶岗实习基地是指具有独立法人资格，具备接受一定数量学生顶岗实习的条件，愿意接纳顶岗实习，并与学校具有稳定合作关系的企（事）业等单位。

2.0.3　企业资质

企业资质是指企业在从事某种行业经营中，应具有的资格以及与此资格相适应的质量等级标准。企业资质包括企业的人员素质、技术及管理水平、工程设备、资金及效益情况、承包经营能力和建设业绩等。

2.0.4　实习指导教师

实习指导教师是指专门负责学生顶岗实习指导、管理的学校教师和企（事）业有经验的专业技术人员。

2.0.5　实习协议

实习协议是按照《中华人民共和国职业教育法》及各省、市、自治区劳动保障部门的相关规定，由学校、企业、学生达成的实习协议。

3. 实 习 基 地 条 件

3.1 一 般 规 定

3.1.1 学校应建立稳定的顶岗实习基地。顶岗实习基地应建立在具有独立法人资格、自愿接纳学生顶岗实习的从事建筑设备安装工程设计、施工、工程咨询、运行管理与设备销售等业务的具有相应企业资质的单位。

3.1.2 顶岗实习基地应具备以下基本条件：

(1) 有常设的实习管理机构和管理人员。

(2) 有健全的实习管理制度。

(3) 有完备的劳动保护和职业卫生条件。

3.1.3 顶岗实习基地宜提供与本专业培养目标相适应的职业岗位，并应对学生实施轮岗实习。

3.2 资 质 与 资 信

3.2.1 顶岗实习基地的资质应满足以下要求：

(1) 具有房屋建筑工程施工总承包企业资质三级及以上。

(2) 具有机电安装工程施工总承包企业资质三级及以上。

(3) 具有机电设备安装工程专业承包企业资质三级及以上。

(4) 具有消防设施工程专业承包企业资质三级及以上。

(5) 具有管道工程专业承包企业资质二级及以上。

(6) 具有水暖电安装作业分包企业资质二级及以上。

3.2.2 顶岗实习基地的资信应满足以下要求：

(1) 实习单位的营业执照，资质证书，安全生产许可证，税务登记证，组织机构代码齐全，内容真实正确。

(2) 实习单位近三年无重大人为安全事故。

(3) 企业信用等级优良（A 级及以上），业界评价好。

3.3 场 地 与 设 施

3.3.1 实习场地主要工程内容应能满足本专业学生顶岗实习教学要求。

3.3.2 实习场地应有固定的办公场所，能提供必要的工作条件，网络、移动通信畅通。

3.3.3 实习场地宜为学生提供必需的食宿条件和劳动防护用品，并保障学生实习期间的生活便利、饮食安全和人身安全。

3.4 岗 位 与 人 员

顶岗实习基地每个岗位接收学生人数不宜超过 5 人。

4. 实习内容与实施

4.1 一般规定

4.1.1 学校应根据顶岗实习内容选择适宜的工程项目。

4.1.2 顶岗实习的内容安排应与专项技能实训、综合实训有机衔接。

4.1.3 顶岗实习岗位应包括施工员、二级造价师、质量员、资料员、设计员，并宜包括运行技术员等。

4.2 实习时间

4.2.1 顶岗实习累计时间原则上为半年，宜安排在第三学年第二学期。各学校宜利用假期等适当延长顶岗实习时间。

4.2.2 对有条件轮岗的，设计岗位顶岗实习时间不宜少于 4 周，安装施工岗位顶岗实习时间不宜少于 7 周，工程造价岗位顶岗实习时间不宜少于 3 周，运行管理或监理岗位顶岗实习时间不宜少于 4 周。

4.3 实习内容及要求

4.3.1 设计岗位的实习内容及要求应符合表 4.3.1 的要求。

设计岗位的实习内容及要求 表 4.3.1

序号	实习项目	实习内容	实习目标	实习要求
1	采暖工程设计	(1) 采暖系统热负荷的计算； (2) 采暖系统形式的选择； (3) 散热器的选型及布置； (4) 采暖管道的布置及水力计算； (5) 采暖系统支架、补偿器、阀门附件的选择与布置； (6) 采暖施工图的绘制	(1) 会利用专业软件进行采暖系统热负荷的计算； (2) 会根据实际建筑进行采暖系统形式的选择； (3) 会进行散热器的选型及布置； (4) 会进行采暖管道的布置并利用专业软件水力计算； (5) 会进行采暖系统支架、补偿器、阀门附件的选择与布置； (6) 会进行采暖施工图的绘制	(1) 计算书：热负荷计算书和水力计算书要求计算参数正确，计算书表格清晰合理； (2) 图纸：设计图纸要求达到施工图设计深度，图面美观，设计合理，并符合制图标准
2	地暖工程设计	(1) 采暖系统热负荷的计算； (2) 地暖埋管间距确定； (3) 分集水器选型； (4) 地暖盘管的布置； (5) 地暖干管系统的布置及水力计算； (6) 地暖施工图的绘制	(1) 会利用专业软件进行采暖系统热负荷的计算； (2) 会根据负荷指标确定地暖埋管间距； (3) 会进行分集水器选型； (4) 会进行地暖盘管的布置； (5) 会进行地暖干管系统的布置及水力计算； (6) 会进行地暖施工图的绘制	(1) 计算书：热负荷计算书和水力计算书要求计算参数正确，计算书表格清晰合理； (2) 图纸：设计图纸要求达到施工图设计深度，图面美观，设计合理，并符合制图标准

序号	实习项目	实习内容	实习目标	实习要求
3	中央空调系统设计	(1) 空调系统冷（热）负荷的计算；通风系统风量确定； (2) 空调系统形式的选择； (3) 空气处理设备的选型及布置； (4) 空调送回风口的选型及布置； (5) 空调风系统管路的布置及水力计算； (6) 空调水系统管路的布置及水力计算； (7) 制冷（热）机房的布置及设备的选型； (8) 空调施工图的绘制	(1) 会进行空调系统冷（热）负荷的计算；会进行通风系统风量确定； (2) 会根据实际建筑进行空调系统形式的选择； (3) 会进行空气处理设备的选型及布置； (4) 会进行空调送回风口的选型及布置； (5) 会进行空调风系统管路的布置及水力计算； (6) 会进行空调水系统管路的布置及水力计算； (7) 会进行制冷（热）机房的布置及设备的选型； (8) 会进行空调施工图的绘制	(1) 计算书：冷（热）负荷计算书和水力计算书要求计算参数正确，计算书表格清晰合理； (2) 图纸：设计图纸要求达到施工图设计深度，图面美观，设计合理，并符合制图标准
4	多联式空调系统设计	(1) 空调系统冷（热）负荷的计算； (2) 新风机组及多联系统室内机和室外机的选型及布置； (3) 空调送回风口的选型及布置； (4) 空调风系统管路的布置及水力计算； (5) 多联系统制冷剂管路的布置及规格选择； (6) 空调施工图的绘制	(1) 会进行空调系统冷（热）负荷的计算； (2) 会进行新风机组及多联系统室内机和室外机的选型及布置； (3) 会进行空调送回风口的选型及布置； (4) 会进行空调风系统管路的布置及水力计算； (5) 会进行多联系统制冷剂管路的布置及规格选择； (6) 会进行空调施工图的绘制	(1) 计算书：冷（热）负荷计算书和水力计算书要求计算参数正确，计算书表格清晰合理； (2) 图纸：设计图纸要求达到施工图设计深度，图面美观，设计合理，并符合制图标准
5	建筑给水排水系统设计	(1) 卫生器具的选择与布置； (2) 生活给水及排水设计流量的计算； (3) 给水管、排水管的布置及水力计算； (4) 水泵、水箱、气压罐及阀门等设备附件选型； (5) 给水排水施工图的绘制	(1) 会进行卫生器具的选择与布置； (2) 会进行生活给水及排水设计流量的计算； (3) 会进行给水管、排水管的布置及利用专业软件进行水力计算； (4) 会进行水泵、水箱、气压罐及阀门等设备附件选型； (5) 会进行给水排水施工图的绘制	(1) 计算书：水力计算书要求计算参数正确，计算书表格清晰合理； (2) 图纸：设计图纸要求达到施工图设计深度，图面美观，设计合理，并符合制图标准
6	建筑消防系统设计	(1) 消火栓系统及自喷系统用水量的确定； (2) 消火栓系统布置及水力计算； (3) 自喷系统布置及水力计算； (4) 消防水泵、水箱、气压罐及阀门等设备附件选型； (5) 给水排水施工图的绘制	(1) 会进行消火栓系统及自喷系统用水量的确定； (2) 会进行消火栓系统布置及水力计算； (3) 会进行自喷系统布置及水力计算； (4) 会进行消防水泵、水箱、气压罐及阀门等设备附件选型； (5) 会进行给水排水施工图的绘制	(1) 计算书：水力计算书要求计算参数正确，计算书表格清晰合理； (2) 图纸：设计图纸要求达到施工图设计深度，图面美观，设计合理，并符合制图标准

4.3.2 施工安装岗位的实习内容及要求应符合表4.3.2的要求。

施工安装岗位的实习内容及要求 表4.3.2

序号	实习项目	实习内容	实习目标	实习要求
1	施工技术管理	(1) 参与图纸会审、技术核定; (2) 参与施工作业班组的技术交底; (3) 参与测量放线	初步具备施工技术管理能力	(1) 能够对设计图纸常见的技术问题提出改进意见; (2) 能够完成一般设备安装工程的技术交底; (3) 熟练完成测量放线
2	施工进度成本控制	(1) 参与制定并调整施工进度计划、施工资源需求计划和编制施工作业计划; (2) 参与施工现场组织协调,落实施工作业计划; (3) 参与现场经济签证、成本控制及成本核算	初步具备施工进度控制能力	(1) 能够完成一般设备安装工程的施工计划、施工资源需求计划和施工作业计划; (2) 初步具备施工现场的沟通协调能力,执行施工作业计划; (3) 会正确填写现场经济签证。初步具备成本控制及成本核算能力
3	质量安全管理	(1) 参与质量、环境与职业健康安全的预控; (2) 负责施工作业的质量、环境与职业健康安全控制,参与隐蔽、分项和单位工程的质量验收; (3) 参与质量、环境与职业健康安全问题的调查,提出整改措施并落实	初步具备施工质量和安全控制能力	(1) 能够对质量、环境与职业健康安全进行正确预控; (2) 能够进行隐蔽、分项和单位工程的质量验收; (3) 能够对质量、环境与职业健康安全问题的调查结果提出整改措施并落实
4	施工信息资料管理	(1) 编写施工日志、施工记录等相关施工资料; (2) 参与汇总、整理施工资料	具备整理施工技术资料管理能力	(1) 编写施工日志、施工记录等相关施工资料完成准确,重点突出,条理清晰; (2) 能够熟练汇总、整理施工资料

4.3.3 工程造价岗位的实习内容及要求应符合表4.3.3的要求。

工程造价岗位的实习内容及要求 表4.3.3

序号	实习项目	实习内容	实习目标	实习要求
1	给水排水安装工程造价	(1) 给水排水施工图的识读; (2) 给水排水工程量计算; (3) 给水排水工程量清单编制; (4) 给水排水工程投标报价编制; (5) 工程报价书整理、装订	(1) 能够识读给水排水工程施工图; (2) 能熟练应用给排水工程定额; (3) 会编制给水排水工程量清单; (4) 会编制给水排水工程投标报价; (5) 学会收集给排水工程造价相关市场信息	(1) 工程量清单内容齐全,无多项漏项; (2) 套用定额正确,取费标准符合要求; (3) 投标报价合理; (4) 报价书装订顺序正确

序号	实习项目	实习内容	实习目标	实习要求
2	采暖工程造价	(1) 采暖施工图的识读； (2) 采暖工程量计算； (3) 采暖工程量清单编制； (4) 采暖工程投标报价编制； (5) 工程报价书整理、装订	(1) 能够识读采暖工程施工图； (2) 能熟练应用采暖工程定额； (3) 会编制采暖工程量清单； (4) 会编制采暖工程投标报价； (5) 学会收集采暖工程造价相关市场信息	(1) 工程量清单内容齐全，无多项漏项； (2) 套用定额正确，取费标准符合要求； (3) 投标报价合理； (4) 报价书装订顺序正确
3	通风空调工程造价	(1) 通风空调施工图的识读； (2) 通风空调工程量计算； (3) 通风空调工程量清单编制； (4) 通风空调工程投标报价编制； (5) 工程报价书整理、装订	(1) 能够识读通风空调工程施工图； (2) 能熟练应用通风空调工程定额； (3) 会编制通风空调工程量清单； (4) 会编制通风空调工程投标报价； (5) 学会收集通风空调工程造价相关市场信息	(1) 工程量清单内容齐全，无多项漏项； (2) 套用定额正确，取费标准符合要求； (3) 投标报价合理； (4) 报价书装订顺序正确
4	建筑电气工程造价	(1) 建筑电气施工图的识读； (2) 建筑电气工程量计算； (3) 建筑电气工程量清单编制； (4) 建筑电气工程投标报价编制； (5) 工程报价书整理、装订	(1) 能够识读建筑电气工程施工图； (2) 能熟练应用建筑电气工程定额； (3) 会编制建筑电气工程量清单； (4) 会编制建筑电气工程投标报价； (5) 学会收集建筑电气工程造价相关市场信息	(1) 工程量清单内容齐全，无多项漏项； (2) 套用定额正确，取费标准符合要求； (3) 投标报价合理； (4) 报价书装订顺序正确
5	安装工程施工组织设计	(1) 建筑安装工程施工组织设计的编制； (2) 建筑安装工程施工进度、质量、成本、安全、合同、信息控制措施	(1) 能结合项目具体情况编制安装工程施工组织设计； (2) 初步具备施工进度、质量、成本、安全等方面管理能力； (3) 熟悉施工现场，能协调施工安装过程中出现的一些简单问题	(1) 施工组织设计编制内容齐全； (2) 施工方案符合现场情况，合理可行； (3) 施工进度、质量、安全、成本等控制措施具有可操作性

4.3.4 与本专业相关的其他实习岗位的实习内容及要求由校内实习指导教师与企业指导教师共同制定。

4.4 实习指导教师

4.4.1 顶岗实习必须配备一定数量的校内实习指导教师和企业实习指导教师，共同管理和指导学生顶岗实习，且应以企业实习指导教师指导为主。

4.4.2　校内实习指导教师的配备应符合以下要求：

（1）校内实习指导教师应有三年以上建筑设备工程技术专业的教学工作经历，担任过一门以上专业课程的教学，独立指导过本专业工种基本技能操作实训和施工安装实习等实践教学环节。

（2）校内实习指导教师应具有讲师以上职称，并具有双师素质。

（3）学校应根据学生人数合理配置校内实习指导教师，每班宜配置2名校内实习指导教师，负责顶岗实习全过程管理及指导。

4.4.3　企业实习指导教师的配备应符合以下要求：

（1）企业实习指导教师应有三年以上建筑设备工程技术专业的工作经历，全过程主持过大中型项目的水暖、通风空调工程的施工管理、工程设计、招投标文件的编制工作。

（2）施工企业实习指导教师宜具有工程师及以上职称，并具有一定的现场管理经验。

（3）各实习基地应根据各自单位的具体岗位、实习学生人数等情况合理配置一定数量的企业实习指导教师，每个实习场地至少配置1名企业实习指导教师。

4.5　实　习　考　核

4.5.1　学校应与顶岗实习基地共同建立对学生的顶岗实习考核制度，共同制定实习评价标准，共同组织实施，以企业考核为主。

4.5.2　考核成绩构成：实习单位实习指导教师对学生的考核，宜占总成绩的70％；校内实习指导教师对学生顶岗实习过程检查及实习报告进行评价，宜占总成绩的30％。

4.5.3　实习单位要对学生在实习岗位的表现情况进行考核，由实习指导教师签字并加盖单位公章。

校内实习指导教师要对学生在实习全过程表现进行考核，实习学生每天要写实习日志，实习结束时要写出顶岗实习报告，校内实习指导教师要对学生顶岗实习过程检查情况和实习报告进行评价，必要时可组织实习报告答辩，给出评价成绩。

4.5.4　实习成绩分为优秀、良好、合格、不合格四个等级。

5. 实习组织管理

5.1 一般规定

5.1.1 学校、企业和学生本人应订立三方协议，规范各方权利和义务。

5.1.2 学生实习期间，必须按国家有关规定购买意外伤害保险。

5.1.3 顶岗实习前，学校、顶岗实习基地应对学生进行以下教育培训：

（1）学校应对学生进行实习动员和安全文明教育，动员时间不宜少于2学时。

（2）顶岗实习基地应在实习前对学生进行实习项目的基本操作规程和安全文明生产教育，时间不宜少于4学时。

5.1.4 学校与实习基地应共同建立顶岗实习组织管理机构，共同制定顶岗实习计划，共同负责组织、管理、安排和协调学生顶岗实习事宜。

5.2 各方权利和义务

5.2.1 学校应享有的权利和应履行的义务是：

（1）进行顶岗实习基地的规划和建设，根据专业性质的不同，建立数量适中、布点合理、稳定的顶岗实习基地。

（2）根据专业培养方案，为学生提供符合要求的顶岗实习岗位。

（3）全面负责顶岗实习的组织、实施和管理。

（4）配备责任心强、有实践经验的顶岗实习指导教师和管理人员。

（5）对顶岗实习基地的指导教师进行必要的培训。

（6）根据顶岗实习基地的要求，优先向其推荐优秀毕业生。

（7）对不符合实习条件和不能落实应尽义务的实习单位进行更换。

5.2.2 顶岗实习基地应享有的权利和应履行的义务是：

（1）建立顶岗实习管理机构，安排固定人员管理顶岗实习工作，并选派有经验的专业技术人员担任顶岗实习指导教师，承担业务指导的主要职责。

（2）负责对顶岗实习学生工作时间内的管理。

（3）参与制定顶岗实习计划。

（4）为顶岗实习学生提供必要的住宿、工作、学习、生活条件，提供或借用劳动防护用品。

（5）享有优先选聘顶岗实习学生的权利。

（6）依法保障顶岗实习学生的休息休假和劳动安全卫生。

5.2.3 顶岗实习学生应享有的权利和应履行的义务是：

（1）遵守国家法律法规和顶岗实习基地规章制度，遵守实习纪律。

（2）服从领导和工作安排，尊重、配合指导教师的工作，及时反馈对实习的意见和建议，与顶岗实习基地员工团结协作。

（3）认真执行工作程序，严格遵守安全操作规程。

（4）依法享有休息休假和劳动保护权利。

（5）遵守保密规定，不泄露顶岗实习基地的技术、财务、人事、经营等机密。

（6）学生在顶岗实习期间所形成的一切工作成果均属顶岗实习基地，将其应用于顶岗实习工作以外的任何用途，均需顶岗实习基地的同意。

5.3 实习过程管理

5.3.1 学校和实习单位在学生顶岗实习期间，应当维护学生的合法权益，确保学生在实习期间的人身安全和身心健康。

5.3.2 学校组织学生顶岗实习应当遵守相关法律法规，制定具体的管理办法，并报上级教育行政部门和行业主管部门备案。

5.3.3 学校应当对学生顶岗实习的单位、岗位进行实地考察，考察内容应包括：学生实习岗位工作性质、工作内容、工作时间、工作环境、生活环境及安全防护等方面。

5.3.4 学生到实习单位顶岗实习前，学校、实习单位、学生应签订三方顶岗实习协议，明确各自责任、权利和义务。对于未满18周岁的学生，应由学校、实习单位、学生与法定监护人（家长）共同签订，顶岗实习协议内容必须符合国家相关法律法规要求。

5.3.5 学校和实习单位应当为学生提供必要的顶岗实习条件和安全健康的顶岗实习劳动环境。不得通过中介机构有偿代理组织、安排和管理学生顶岗实习工作；学生顶岗实习应当执行国家在劳动时间方面的相关规定。

5.3.6 建立学校、实习单位和学生家长定期信息通报制度。学校向家长通报学生顶岗实习情况。学校与实习单位共同做好顶岗实习期间的教育教学工作。

5.3.7 顶岗实习基地接收顶岗实习学生人数超过20人以上的，学校要安排一名实习指导教师与企业共同指导与管理实习学生，有条件的学校宜根据实习学生分布情况按地区建立实习指导教师驻地工作站。

5.3.8 学生顶岗实习期间，遇到问题或突发事件，应及时向实习指导教师和实习单位及学校报告。

5.4 实习安全管理

5.4.1 学校和实习基地在学生项岗实习期间，应当维护学生的合法权益，确保学生在实习期间的人身安全和身心健康。学生顶岗实习工作时间原则上不得超过劳动法的有关规定。

5.4.2 学校顶岗实习管理领导小组检查监控二级学院（系）顶岗实习过程，各二级学院（系）顶岗实习工作小组要注重实习过程中的安全教育、防护工作，确定安全管理责任人。

5.5 实习经费保障

5.5.1 实习教学经费是指由学校预算安排，属实习教学专项经费，应实行"统一计划、统筹分配、专款专用"的原则。任何单位和个人不得挤占、截留和挪用。

5.5.2 实习教学经费开支范围可包括：校内实习指导教师的交通费、住宿费、课时费，学生意外伤害保险费，实习教学资料费，实习基地的实习教学管理费、授课酬金等。

5.5.3 鼓励有条件的实习基地向顶岗实习学生支付合理的实习补助。实习补助的标准应当通过签订顶岗实习协议进行约定。不得向学生收取实习押金和实习报酬提成。

高职高专教育建筑电气工程技术专业

顶岗实习标准

1. 总　　则

1.0.1　为了推动建筑电气工程技术专业校企合作、工学结合人才培养模式改革，保证顶岗实习效果，提高人才培养质量，特制定本标准。

1.0.2　本标准依据建筑电气工程技术专业学生的专业能力和知识的基本要求制定，是《高职高专教育建筑电气工程技术专业教学基本要求》的重要组成部分。

1.0.3　本标准是学校组织实施建筑电气工程技术专业学生顶岗实习的依据，也是学校、企业合作建设建筑电气工程技术专业顶岗实习基地的标准。

1.0.4　建筑电气工程技术专业顶岗实习应达到的教学目标是：

（1）使学生充分感受企业文化、体验职业环境、树立职业理想、遵守行业规程，养成良好的职业道德和职业素养。

（2）培养学生吃苦耐劳、热爱本职工作的职业精神。

（3）增强学生质量意识和安全生产意识。

（4）增强学生团队协作能力及组织协调和沟通交往意识。

（5）使学生能够将所学知识与技能综合应用于工程实践，获取初步的职业岗位工作经验。

1.0.5　建筑电气工程技术专业的顶岗实习，除应执行本标准外，尚应执行《高职高专建筑电气工程技术专业教学基本要求》和国家相关法律法规。

2. 术　语

2.0.1　顶岗实习

顶岗实习是指高等职业院校根据专业培养目标要求，组织学生以准员工的身份进入企（事）业等单位专业对口的工作岗位，直接参与实际工作过程，完成一定工作任务，以获得初步的岗位工作经验、养成良好职业素养的一种实践性教学形式。

2.0.2　顶岗实习基地

顶岗实习基地是指具有独立法人资格，依法经营、管理规范、安全防护条件完备以及提供岗位与学生所学专业方向一致或相近，具备接受一定数量学生顶岗实习的条件，愿意接纳顶岗实习，并与学校具有稳定合作关系的企（事）业等单位。

2.0.3　企业资质

企业资质是指企业在从事某种行业经营中，应具有的资格以及与此资格相适应的质量等级标准。企业资质包括企业的人员素质、技术及管理水平、工程设备、资金及效益情况、承包经营能力和建设业绩等。

2.0.4　实习指导教师

实习指导教师是指学生实习期间，负责学生顶岗实习指导、管理的学校教师和企（事）业有经验的专业技术人员。

2.0.5　实习协议

实习协议是按照《中华人民共和国职业教育法》及各省、市、自治区劳动保障部门的相关规定，由学校、企业、学生达成的实习协议。

3. 实习基地条件

3.1 一般规定

3.1.1 学校应建立稳定的顶岗实习基地。顶岗实习基地应建立在具有独立法人资格、自愿接纳学生顶岗实习的从事建筑电气工程（包括供配电工程与照明、建筑智能化工程、消防工程）的设计、施工企业以及物业管理、技术咨询、工程监理等业务的具有相应资质的企业。

3.1.2 顶岗实习基地应具备以下基本条件：

（1）有常设的实习管理机构和专职管理人员。

（2）有健全的实习管理制度。

（3）有完备的劳动保护和职业卫生条件。

3.1.3 顶岗实习基地应提供与本专业培养目标相适应的职业岗位，并宜对学生实施轮岗实习。

3.2 资质与资信

3.2.1 顶岗实习基地的资质应满足以下要求：

（1）具有建筑工程设计资质乙级及以上。

（2）具有房屋建筑工程施工总承包企业资质三级及以上。

（3）具有机电安装工程施工总承包企业资质三级及以上。

（4）具有机电设备安装工程专业承包企业资质三级及以上。

（5）具有消防设施工程专业承包企业资质三级及以上。

（6）具有水暖电安装作业分包企业资质二级及以上。

（7）具有物业管理资质三级及以上。

（8）具有工程造价资质乙级及以上。

（9）具有工程监理资质乙级及以上。

3.2.2 顶岗实习基地的资信应满足以下要求：

（1）实习单位的营业执照，资质证书，安全生产许可证，税务登记证，组织机构代码齐全，内容真实正确。

（2）实习单位近三年无重大人为安全事故。

（3）企业信用等级优良（A级及以上），业界评价好。

（4）应选择管理规范、规模较大、技术先进、有较高社会信誉或具有较高资质等级，提供岗位与学生所学专业对口或相近的实习单位组织学生顶岗实习。

3.3 场地与设施

3.3.1 实习场地主要工程内容应能满足本专业学生顶岗实习教学要求。

3.3.2 实习场地应有固定的办公场所，能提供必要的工作条件，网络、移动通信畅通。

3.3.3 实习场地应为学生提供必需的食宿条件和劳动防护用品，并能保障学生实习期间的生活便利、饮食安全和人身安全。

3.4 岗 位 与 人 员

3.4.1 顶岗实习岗位应包括施工安装岗位、设计岗位、工程造价岗位、监理岗位、运行管理岗位，并宜包括施工质量检验岗位、技术资料管理岗位等。

3.4.2 岗位人员

（1）一级及以上资质企业，其每个所属项目部或分公司接收学生顶岗实习人数不超过6人。

（2）二、三级资质企业，其每个所属项目部或分公司接收学生顶岗实习人数不超过4人。

（3）甲级资质设计企业顶岗实习人数不超过6人。

（4）乙级资质设计企业顶岗实习人数不超过4人。

（5）甲级资质工程造价咨询企业顶岗实习人数不超过6人。

（6）乙级资质工程造价咨询企业顶岗实习人数不超过4人。

（7）甲级资质监理企业，其每个所属项目部顶岗实习人数不超过6人。

（8）乙级资质监理企业，其每个所属项目部顶岗实习人数不超过4人。

4. 实习内容与实施

4.1 一 般 规 定

4.1.1 学校应根据顶岗实习内容选择适宜的工程项目。

4.1.2 顶岗实习的内容安排应与专项技能实训、综合实训有机衔接。

4.1.3 顶岗实习岗位应包括施工员、二级造价师、质量员、资料员、设计员、设备维护员，并宜包括运行管理技术员等。

4.2 实 习 时 间

4.2.1 顶岗实习累计时间原则上为半年，宜安排在第三学年第二学期。各学校宜利用假期等适当延长顶岗实习时间。

4.2.2 对有条件轮岗的，设计岗位顶岗实习时间不宜少于4周，安装施工岗位顶岗实习时间不宜少于7周，工程造价岗位顶岗实习时间不宜少于3周，运行管理或监理岗位顶岗实习时间不宜少于4周。可根据实际情况组合调整实习项目内容。

4.3 实习内容及要求

4.3.1 设计岗位的实习内容及要求应符合表4.3.1的要求。

设计岗位的实习内容及要求　　　　　　　　　　　　　　表4.3.1

序号	实习项目	实习内容	实习目标	实习要求
1	建筑供配电与照明设计	(1) 电力负荷的统计、分级与计算； (2) 变配电系统一次接线方案设计； (3) 高低压电气设备的选择； (4) 配电线路设计； (5) 电气照明设计； (6) 防雷与接地设计	(1) 能进行电力负荷统计、计算、确定负荷等级、选择变压器台数及容量； (2) 能依据工程实际确定供电电源方案，变配电所一次接线方案，绘制变配电所一次接线系统图； (3) 能正确选择高压低压电气设备型号及主要参数； (4) 能正确选择电线、电缆型号及规格，确定布线方式及要求； (5) 能确定正常照明、应急照明设计要求、照度计算，正确选择、布置电光源及灯具； (6) 能确定照明配电方案，绘制照明与动力配电平面图、配电箱系统图； (7) 能确定建筑防雷的分级、防雷措施及要求，绘制防雷施工图； (8) 确定接地的种类及做法，绘制接地施工图	(1) 应选用国家、行业及相关的现行规范、标准； (2) 计算书：电力负荷计算和线路计算要求公式正确，引用参数有根据，计算步骤层次清晰，计算结果正确，计算书表格规范； (3) 设备、材料选择符合行业标准和现行规范要求； (4) 图纸：设计图纸要求达到施工图设计深度，图面美观，设计合理，符合制图标准

序号	实习项目	实习内容	实习目标	实习要求
2	火灾自动报警系统设计	（1）火灾自动报警系统保护对象分级、系统形式确定； （2）探测区域和报警区域的划分； （3）系统设备选型及布置，系统线路设计； （4）消防联动控制系统的设计； （5）火灾自动报警系统施工图绘制	（1）能依据规范确定建筑的火灾自动报警保护等级和选择系统形式； （2）能正确划分所给工程的探测区域和报警区域； （3）能合理选择报警设备的类型及容量； （4）能正确选择和布置火灾探测和报警设备； （5）能依据相关专业提供的消防设备条件明确消防联动控制的内容及控制要求，选择及布置相应的控制模块； （6）能正确选择火灾自动报警与联动控制系统配线及敷设方式； （7）能进行消防控制室的选址、面积确定、设备布置； （8）会进行火灾自动报警施工图的绘制	（1）应选用国家、行业及相关的现行规范、标准； （2）计算书：报警设备容量计算和回路容量确定应准确，引用参数有根据； （3）设备、材料选择符合行业标准和现行规范要求； （4）图纸：设计图纸要求达到施工图设计深度，图面美观，设计合理，符合制图标准
3	信息与网络系统设计	（1）局域网组网设计； （2）综合布线系统设计	（1）能分析确定信息网络系统的设计标准和信息点位布置； （2）能确定局域网的结构形式； （3）能选择信息网络系统设备和材料； （4）会进行局域网组网方案设计； （5）会进行电话机房、网络中心机房设计； （6）综合布线系统工程施工图绘制	（1）应选用国家、行业及相关的现行规范、标准； （2）计算书：设备容量计算应准确，引用参数有根据； （3）设备、材料选择符合行业标准和现行规范要求； （4）图纸：设计图纸要求达到施工图设计深度，图面美观，设计合理，符合制图标准

4.3.2 施工安装岗位的实习内容及要求应符合表 4.3.2 的要求。

施工安装岗位的实习内容及要求 表 4.3.2

序号	实习项目	实习内容	实习目标	实习要求
1	施工技术管理	（1）参与图纸会审、技术核定； （2）参与施工作业班组的技术交底； （3）参与测量放线； （4）参与管线、设备安装预留、预埋； （5）参与安装施工过程中操作与技术指导	初步具备施工技术管理能力	（1）熟悉施工图会审的内容及程序；初步具备设备安装工程的技术交底能力； （2）能看懂工程图并能对工程图中的工艺与技术问题提出合理建议； （3）掌握测量放线的基本要领，具备测量放线操作能力； （4）能确定预留预埋的内容及做法，配合土建施工完成预留预埋； （5）掌握设备、管线的安装施工工艺，具备基本操作技能； （6）初步具备施工工程中处理相应技术问题的能力

序号	实习项目	实习内容	实习目标	实习要求
2	施工进度成本控制	（1）参与工程施工组织设计，参与网络计划的编制； （2）参与制定并调整施工进度计划、施工资源需求计划和编制施工作业计划； （3）参与施工现场组织协调，落实施工作业计划； （4）参与现场经济签证、成本控制及成本核算	初步具备施工组织设计和施工进度控制能力	（1）能进行工程施工组织设计，会编制网络计划图； （2）能够调整和控制一般设备安装工程的施工进度计划、施工资源需求计划和施工作业计划； （3）初步具备施工过程中的组织、沟通和协调能力； （4）初步掌握确定成本控制的方法，能根据实际情况进行成本控制； （5）能够使用相关软件； （6）会正确填写现场经济签证。初步具备成本控制及成本核算能力
3	质量管理	（1）参与编写质量控制措施等质量控制文件，确定施工质量控制点，并实施质量交底； （2）参与材料、设备质量评价和施工实验结果判断； （3）参与隐蔽、分项和单位工程的质量验收，识别质量缺陷并进行分析、处理	初步具备施工质量控制能力	（1）能制订质量预控措施并实施； （2）掌握隐蔽、分项和单位工程的质量验收内容、验收方法和验收组织； （3）能够对材料、设备质量进行评价和对施工实验结果进行判断； （4）能够对质量问题的调查结果提出整改措施并落实
4	安全管理	（1）参与编制项目安全生产管理计划和安全技术交底； （2）参与对施工机械、临时用电、消防设施进行安全检查，对防护用品与劳保用品进行符合性判断； （3）参与编制安全事故应急救援预案； （4）参与辨识施工现场危险源，对安全隐患和违章操作进行处置； （5）参与施工作业的安全管理，收集、整理施工安全资料	初步具备施工质量和安全控制能力	（1）能制订安全预控措施并实施； （2）能够对安全事故进行必要的救援处理； （3）能够对安全问题的调查结果提出整改措施并落实
5	施工信息资料管理	（1）参与编写施工日志、施工记录等相关施工资料； （2）参与对施工中各种试样的取样、送检、结果回馈、上报、分类管理； （3）参与汇总、整理施工资料	具备施工技术资料整理与管理能力	（1）完整准确地编写施工日志、施工记录等相关施工资料，内容完整、重点突出、条理清晰； （2）能够使用相关软件； （3）能够对各种工程信息进行收集、传递、反馈； （4）能够熟练汇总、整理归档施工资料并安全地进行管理

4.3.3 工程造价岗位的实习内容及要求应符合表 4.3.3 的要求。

工程造价岗位的实习内容及要求　　　　　　　　表 4.3.3

序号	实习项目	实习内容	实习目标	实习要求
1	建筑电气工程造价	（1）识读建筑电气工程施工图； （2）建筑电气工程量计算； （3）建筑电气工程量清单编制； （4）建筑电气工程投标报价编制； （5）建筑电气工程报价书整理、装订	（1）能够正确识读建筑电气工程施工图； （2）能熟练应用建筑电气工程定额； （3）会编制建筑电气工程量清单； （4）会编制建筑电气工程投标报价； （5）会收集建筑电气工程造价相关市场信息	（1）工程量清单内容齐全，无多项漏项； （2）套用定额正确，取费标准符合要求； （3）能够使用相关软件； （4）投标报价合理； （5）报价书装订顺序正确
2	消防工程造价	（1）识读消防工程施工图； （2）消防工程量计算； （3）消防工程量清单编制； （4）消防工程投标报价编制； （5）消防工程报价书整理、装订	（1）能够识读消防工程施工图； （2）能熟练应用消防工程定额； （3）会编制消防工程量清单； （4）会编制消防工程投标报价； （5）会收集消防工程造价相关市场信息	（1）工程量清单内容齐全，无多项漏项； （2）套用定额正确，取费标准符合要求； （3）能够使用相关软件； （4）投标报价合理； （5）报价书装订顺序正确
3	信息与网络系统工程造价	（1）识读信息与网络系统施工图； （2）信息与网络系统工程量计算； （3）信息与网络系统工程量清单编制； （4）信息与网络系统工程投标报价编制； （5）信息与网络系统工程报价书整理、装订	（1）能够识读信息与网络系统工程施工图； （2）能熟练应用信息与网络系统工程定额； （3）会编制信息与网络系统工程量清单； （4）会编制信息与网络系统工程投标报价； （5）会收集信息与网络系统工程造价相关市场信息	（1）工程量清单内容齐全，无多项漏项； （2）套用定额正确，取费标准符合要求； （3）能够使用相关软件； （4）投标报价合理； （5）报价书装订顺序正确

4.3.4 运行管理岗位的实习内容及要求应符合表 4.3.4 的要求。

运行管理岗位的实习内容及要求　　　　　　表 4.3.4

序号	实习项目	实习内容	实习目标	实习要求
1	变配电系统运行管理	（1）熟悉系统运行、控制的相关制度与应急预案； （2）用户变电所正常运行与管理操作； （3）建筑动力配电系统系统的运行、管理与维护； （4）照明配电系统的运行、管理与维护； （5）常见变配电系统运行故障分析与排除； （6）用电系统运行管理日志的填写	（1）会进行用户变电所正常送电与断电操作； （2）会进行建筑各动力设备的运行控制操作； （3）能分析和排除变配电系统、动力设备配电与控制系统、照明配电与控制系统的运行故障； （4）能进行建筑供配电系统的日常维护和管理； （5）会正确填写运行管理日志	（1）用户变电所正常送电与断电操作应符合安全操作规程； （2）建筑各动力设备的运行控制操作应符合安全操作规程； （3）能正确分析和排除建筑供配电、动力与照明系统的运行故障； （4）能正确进行建筑供配电系统的日常维护和管理； （5）运行管理日志填写正确

序号	实习项目	实习内容	实习目标	实习要求
2	火灾自动报警系统运行管理	（1）熟悉系统运行、控制的相关制度与应急预案； （2）火灾自动报警与消防联动控制系统正常启动与停机操作； （3）火灾自动报警与消防联动控制系统的运行、巡检操作； （4）火灾自动报警与消防联动控制系统运行故障分析与排除； （5）火灾自动报警与消防联动控制系统日常维护； （6）系统运行管理日志的填写	（1）能进行火灾自动报警与消防联动控制系统正常启动与停机操作； （2）具备火灾自动报警与消防联动控制系统的运行、巡检操作能力； （3）能分析与排除火灾自动报警与消防联动控制系统运行中常见故障； （4）初步具备火灾自动报警与消防联动控制系统日常维护能力； （5）会正确填写系统运行管理日志	（1）火灾自动报警与消防联动控制系统启动与停机操作符合操作规程； （2）火灾自动报警与消防联动控制系统的运行调节方法正确，运行程序及参数符合规范要求； （3）能正确分析与排除火灾自动报警与消防联动控制系统运行中常见故障； （4）能正确进行系统日常维护，正确填写系统运行管理日志
3	建筑设备监控系统运行管理	（1）熟悉系统运行、控制的相关制度与应急预案； （2）集中空调监控系统运行、管理与维护； （3）建筑供配电监控系统运行、管理与维护； （4）电梯监控系统运行、管理与维护； （5）智能照明监控系统运行、管理与维护； （6）建筑给水监控系统运行、管理与维护	（1）能进行各监控系统正常启动与停机操作； （2）具备各监控系统的运行操作能力； （3）能分析与排除各监控系统运行中常见故障； （4）初步具备监控系统日常维护能力； （5）会正确填写各监控系统运行管理日志	（1）各监控系统启动与停机操作符合操作规程； （2）各监控系统的运行调节方法正确，运行程序及参数符合规范要求； （3）能正确分析与排除各监控系统运行中常见故障； （4）能正确进行各监控系统日常维护与管理，正确填写系统运行管理日志

4.4 实习指导教师

4.4.1 顶岗实习必须配备一定数量的学校实习指导教师和企业实习指导教师，共同管理和指导学生顶岗实习，且应以企业实习指导教师指导为主。

4.4.2 学校实习指导教师的配备应符合以下要求：

（1）应有三年以上建筑电气工程技术专业（包括建筑电气工程、电气自动化、计算机网络技术等相关专业）的教学工作经历，担任过一门以上专业课程的教学，独立指导过本专业工种基本技能操作实训和施工安装实习等实践教学环节。

（2）应具有讲师及以上职称，并具有"双师"素质。

（3）学校应根据顶岗实习学生人数合理配置学校实习指导教师，每位学校实习指导教师指导的顶岗实习学生不应超过 20 人，并应负责顶岗实习全过程管理及指导。

4.4.3 企业实习指导教师的配备应符合以下要求：

（1）企业实习指导教师应有三年以上建筑电气工程技术专业（包括建筑电气工程、电气自动化、计算机网络技术等相关专业）的工作经历，全过程主持过大中型建筑项目中建筑电气工程、建筑智能化工程、信息与网络工程、消防工程等任何一项工程的施工管理、工程设计、工程造价以及招投标文件的编制工作。

（2）施工企业实习指导教师宜具有中级及以上技术职称，并具有一定的现场管理经验。

（3）各顶岗实习基地应根据各自单位的具体岗位、实习学生人数等情况合理配置一定数量的企业指导教师，每个实习场地至少配置 1 名企业指导教师。

4.5 实 习 考 核

4.5.1 学校应与顶岗实习基地共同建立对学生的顶岗实习考核制度，共同制定实习评价标准，共同组织实施，以企业考核为主。

4.5.2 考核成绩构成：企业实习指导教师对学生的考核，宜占总成绩的 70%；学校实习指导教师对学生顶岗实习过程检查及实习报告进行评价，宜占总成绩的 30%。

4.5.3 实习单位要对学生在实习岗位的表现情况进行考核，由企业实习指导教师签字并加盖单位公章。

学校实习指导教师要对学生在实习全过程表现进行考核，实习学生每天要写实习日志（或实习周志），实习结束时要写出顶岗实习报告，学校实习指导教师要对学生顶岗实习过程检查情况和实习报告进行评价，必要时可组织实习报告答辩，给出评价成绩。

4.5.4 实习成绩分为优秀、良好、合格、不合格四个等级。

5. 实习组织管理

5.1 一般规定

5.1.1 学校、实习单位和学生本人应签订三方协议，规范各方权利和义务。

5.1.2 学生实习期间，必须按国家有关规定购买意外伤害保险。

5.1.3 顶岗实习前，学校、顶岗实习基地应对学生进行以下教育培训：

(1) 学校应对学生进行实习动员和安全文明教育，动员时间不宜少于2学时。

(2) 顶岗实习基地应在实习前对学生进行实习项目的基本操作规程和安全文明生产教育，时间不宜少于4学时。

5.1.4 学校与实习单位应共同建立顶岗实习组织管理机构，共同制定顶岗实习计划，共同负责组织、管理、安排和协调学生顶岗实习事宜。

5.2 各方权利和义务

5.2.1 学校应享有的权利和应履行的义务是：

(1) 进行顶岗实习基地的规划和建设，根据专业性质的不同，建立数量适中、布点合理、稳定的顶岗实习基地。

(2) 根据专业培养方案，为学生提供符合要求的顶岗实习岗位。

(3) 全面负责顶岗实习的组织、实施和管理。

(4) 配备责任心强、有实践经验的学校实习指导教师和管理人员。

(5) 对顶岗实习基地的实习指导教师进行必要的培训。

(6) 根据顶岗实习基地的要求，优先向其推荐优秀毕业生。

5.2.2 顶岗实习基地应享有的权利和应履行的义务是：

(1) 建立顶岗实习管理机构，安排固定人员管理顶岗实习工作，并选派有经验的专业技术人员担任企业实习指导教师，承担业务指导的主要职责。

(2) 负责对顶岗实习学生工作时间内的管理。

(3) 参与制定顶岗实习计划。

(4) 为顶岗实习学生提供必要的住宿、工作、学习、生活条件，提供或借用劳动防护用品。

(5) 享有优先选聘顶岗实习学生的权利。

(6) 依法保障顶岗实习学生的休息休假和劳动安全卫生。

5.2.3 顶岗实习学生应享有的权利和应履行的义务是：

(1) 遵守国家法律法规和顶岗实习基地规章制度，遵守实习纪律。

(2) 服从领导和工作安排，尊重、配合实习指导教师的工作，及时反馈对实习的意见和建议，与顶岗实习基地员工团结协作。

(3) 认真执行工作程序，严格遵守安全操作规程。

(4) 依法享有休息休假和劳动保护权利。

（5）遵守企业的保密规定，不泄露顶岗实习基地的技术、财务、人事、经营等机密。

（6）学生在顶岗实习期间所形成的一切工作成果均属顶岗实习基地，将其应用于顶岗实习工作以外的任何用途，均需顶岗实习基地的同意。

5.3 实习过程管理

5.3.1 学校和实习单位在学生顶岗实习期间，应当维护学生的合法权益，确保学生在实习期间的人身安全和身心健康。

5.3.2 学校组织学生顶岗实习应当遵守相关法律法规，制定具体的管理办法，并报上级教育行政部门和行业主管部门备案。

5.3.3 学校应当对学生顶岗实习的单位、岗位进行实地考察，考察内容应包括：学生实习岗位工作性质、工作内容、工作时间、工作环境、生活环境及安全防护等方面。

5.3.4 学生到实习单位顶岗实习前，学校、实习单位、学生应签订三方顶岗实习协议，明确各自责任、权利和义务。对于未满18周岁的学生，应由学校、实习单位、学生与法定监护人（家长）共同签订，顶岗实习协议内容必须符合国家相关法律法规要求。

5.3.5 学校和实习单位应当为学生提供必要的顶岗实习条件和安全健康的顶岗实习劳动环境。不得通过中介机构有偿代理组织、安排和管理学生顶岗实习工作；学生顶岗实习应当执行国家在劳动时间方面的相关规定。

5.3.6 建立学校、实习单位和学生家长定期信息通报制度。学校向家长通报学生顶岗实习情况。学校与实习单位共同做好顶岗实习期间的教育教学工作。

5.3.7 顶岗实习基地接收顶岗实习学生人数超过20人的，学校应安排一名实习指导教师与企业共同指导与管理实习学生，有条件的学校宜根据实习学生分布情况按地区建立实习指导教师驻地工作站。

5.3.8 学生顶岗实习期间，遇到问题或突发事件，应及时向实习指导教师和实习单位及学校报告。

5.4 实习安全管理

5.4.1 学校和实习单位在学生顶岗实习期间，应当维护学生的合法权益，确保学生在实习期间的人身安全和身心健康，不得安排学生从事高空、放射性、高毒、易燃易爆，以及其他具有安全隐患的顶岗实习岗位。学生顶岗实习工作时间不得超过劳动法的有关规定。

5.4.2 学校顶岗实习管理领导机构检查监控二级学院（系）顶岗实习过程，各二级学院（系）顶岗实习工作机构要注重实习过程中的安全教育、防护工作，确定安全管理责任人。

5.5 实习经费保障

5.5.1 实习教学经费是指由学校预算安排，属实习教学专项经费，应实行"统一计划、统筹分配、专款专用"的原则。任何单位和个人不得挤占、截留和挪用。

5.5.2 实习教学经费开支范围可包括：实习教学指导教师及实习学生的交通费、住宿费、课时费，接纳实习教学单位的实习教学管理费、实习教学资料费、耗材费，聘请实习教学单位技术人员指导费及授课酬金等。

5.5.3 鼓励有条件的实习基地向顶岗实习学生支付合理的实习补助。实习补助的形式、内容与标准应当通过签订顶岗实习协议进行约定。不得向学生收取实习押金和实习报酬提成。

高职高专教育建筑智能化工程技术专业

顶岗实习标准

1. 总　　则

1.0.1　为了推动建筑智能化工程技术专业校企合作、工学结合人才培养模式改革，保证顶岗实习效果，提高人才培养质量，特制定本标准。

1.0.2　本标准依据楼宇智能化工程技术专业学生的专业能力和知识的基本要求制定，是《高职高专教育楼宇智能化工程技术专业教学基本要求》的重要组成部分。

1.0.3　本标准是学校组织实施建筑智能化工程技术专业学生顶岗实习的依据，也是学校、企业合作建设楼宇智能化工程技术专业顶岗实习基地的标准。

1.0.4　建筑智能化工程技术专业顶岗实习应达到的教学目标是：

（1）使学生充分感受企业文化、体验职业环境、树立职业理想、遵守行业规程，养成良好的职业道德和职业素养。

（2）培养学生吃苦耐劳、热爱本职工作的职业精神。

（3）增强学生质量意识和安全生产意识。

（4）增强学生团队协作能力及组织协调和沟通交往意识。

（5）使学生能够将所学知识与技能综合应用于工程实践，获取初步的职业岗位工作经验。

1.0.5　建筑智能化工程技术专业的顶岗实习，除应执行本标准外，尚应执行《高职高专教育楼宇智能化工程技术专业教学基本要求》和国家相关法律法规。

2. 术　语

2.0.1　顶岗实习

顶岗实习是指高等职业院校根据专业培养目标要求，组织学生以准员工的身份进入企（事）业等单位专业对口的工作岗位，直接参与实际工作过程，完成一定工作任务，以获得初步的岗位工作经验、养成良好职业素养的一种实践性教学形式。

2.0.2　顶岗实习基地

顶岗实习基地是指具有独立法人资格，具备接受一定数量学生顶岗实习的条件，愿意接纳顶岗实习，并与学校具有稳定合作关系的企（事）业等单位。

2.0.3　企业资质

企业资质是指企业在从事某种行业经营中，应具有的资格以及与此资格相适应的质量等级标准。企业资质包括企业的人员素质、技术及管理水平、工程设备、资金及效益情况、承包经营能力和建设业绩等。

2.0.4　实习指导教师

实习指导教师是指学生实习期间，专门负责学生顶岗实习指导、管理的学校教师和企（事）业有经验的专业技术人员。

2.0.5　实习协议

实习协议是按照《中华人民共和国职业教育法》及各省、市、自治区劳动保障部门的相关规定，由学校、企业、学生达成的实习协议。

3. 实 习 基 地 条 件

3.1 一 般 规 定

3.1.1 学校应建立稳定的顶岗实习基地。顶岗实习基地应建立在具有独立法人资格、自愿接纳学生顶岗实习的从事楼宇智能化工程（包括安防工程、消防工程）、建筑设备工程的设计、施工企业以及物业管理、技术咨询、工程监理、产品生产等业务的具有相应资质的企业。

3.1.2 顶岗实习基地应具备以下基本条件：

(1) 有常设的实习管理机构和专职管理人员。

(2) 有健全的实习管理制度。

(3) 有完备的劳动保护和职业卫生条件。

3.1.3 顶岗实习基地宜提供与本专业培养目标相适应的职业岗位，并应对学生实施轮岗实习。

3.2 资 质 与 资 信

3.2.1 顶岗实习基地的资质应满足以下要求：

(1) 具有房屋建筑工程施工总承包企业资质三级及以上。

(2) 具有机电安装工程施工总承包企业资质三级及以上。

(3) 具有机电设备安装工程专业承包企业资质三级及以上。

(4) 具有消防设施工程专业承包企业资质三级及以上。

(5) 具有建筑智能化工程专业承包企业资质三级及以上。

(6) 具有水暖电安装作业分包企业资质二级及以上。

(7) 具有建筑工程设计资质乙级及以上。

(8) 具有建筑工程监理乙级资质及以上。

(9) 具有建筑工程造价、咨询服务乙级资质及以上。

(10) 小区建筑面积在 20 万 m^2 及以上的物业管理公司。

3.2.2 顶岗实习基地的资信应满足以下要求：

(1) 实习单位的营业执照，资质证书，安全生产许可证，税务登记证，组织机构代码齐全，内容真实正确。

(2) 实习单位近三年无重大人为安全事故。

(3) 企业信用等级优良（A级及以上），业界评价好。

3.3 场 地 与 设 施

3.3.1 实习场地主要工程内容应能满足本专业学生顶岗实习教学要求。

3.3.2 实习场地应有固定的办公场所，能提供必要的工作条件，网络、移动通信畅通。

3.3.3 实习场地宜为学生提供必需的食宿条件和劳动防护用品，并保障学生实习期间的生活便利、饮食安全和人身安全。

3.4 岗 位 与 人 员

3.4.1 顶岗实习岗位应包括施工安装岗位、设计岗位、工程造价岗位、监理岗位、运行管理岗位，并宜包括施工质量检验岗位、技术资料管理岗位等。

3.4.2 岗位人员

（1）一级资质施工企业，其每个所属项目部或分公司接收学生顶岗实习人数不超过6人。

（2）二级资质施工企业，其每个所属项目部或分公司接收学生顶岗实习人数不超过4人。

（3）三级资质施工企业，其每个所属项目部或分公司接收学生顶岗实习人数不超过2人。

（4）甲级资质设计企业顶岗实习人数不超过6人。

（5）乙级资质设计企业顶岗实习人数不超过4人。

（6）甲级资质工程造价咨询企业顶岗实习人数不超过6人。

（7）乙级资质工程造价咨询企业顶岗实习人数不超过4人。

（8）甲级资质监理企业顶岗实习人数不超过6人。

（9）乙级资质监理企业顶岗实习人数不超过4人。

（10）物业管理公司指导学生顶岗实习人数不超过4人。

4. 实习内容与实施

4.1 一 般 规 定

4.1.1 学校应根据顶岗实习内容选择适宜的工程项目。

4.1.2 顶岗实习的内容安排应与专项技能实训、综合实训有机衔接。

4.1.3 顶岗实习岗位应包括施工员、二级造价师、质量员、资料员、设计员，并宜包括运行管理技术员等。

4.2 实 习 时 间

4.2.1 顶岗实习累计时间原则上为半年，宜安排在第三学年第二学期。各学校宜利用假期等适当延长顶岗实习时间。

4.2.2 对有条件轮岗的，设计岗位顶岗实习时间不宜少于 6 周，安装施工岗位顶岗实习时间不宜少于 8 周，工程造价岗位顶岗实习时间不宜少于 4 周，运行管理或监理岗位顶岗实习时间不宜少于 4 周。可根据实际情况调整实习项目内容。

4.3 实习内容及要求

4.3.1 设计岗位的实习内容及要求应符合表 4.3.1 的要求。

设计岗位的实习内容及要求　　　　　　　　　表 4.3.1

序号	实习项目	实习内容	实习目标	实习要求
1	建筑供配电与照明设计	(1) 电力负荷的统计、分级与计算； (2) 变配电系统一次接线方案设计； (3) 高低压电气设备的选择； (4) 配电线路设计； (5) 电气照明设计； (6) 防雷与接地设计	(1) 能进行电力负荷统计、计算、确定负荷等级、选择变压器台数及容量； (2) 能依据工程实际确定供电电源方案，变配电所一次接线方案，绘制变配电所一次接线系统图； (3) 能正确选择高压低压电气设备型号及主要参数； (4) 能正确选择电线、电缆型号及规格，确定布线方式及要求； (5) 能确定正常照明、应急照明设计要求、照度计算，正确选择、布置电光源与灯具； (6) 确定照明配电方案，绘制照明与动力配电平面图、配电箱系统图； (7) 能确定建筑防雷的分级、防雷措施及要求，绘制防雷施工图； (8) 确定接地的种类及做法，绘制接地施工图	(1) 应选用国家、行业及相关的现行规范、标准； (2) 计算书：电力负荷计算和线路计算要求公式正确，引用参数有根据，计算步骤层次清晰，计算结果正确，计算书表格规范； (3) 设备、材料选择符合行业标准和现行规范要求； (4) 图纸：设计图纸要求达到施工图设计深度，图面美观，设计合理，符合制图标准

序号	实习项目	实习内容	实习目标	实习要求
2	火灾自动报警系统设计	(1) 火灾自动报警系统保护对象分级，系统形式确定； (2) 探测区域和报警区域的划分； (3) 系统设备选型及布置，系统线路设计； (4) 消防联动控制系统的设计； (5) 火灾自动报警系统施工图绘制	(1) 能依据规范确定建筑的火灾自动报警保护等级和选择系统形式； (2) 能正确划分所给工程的探测区域和报警区域； (3) 能合理选择报警设备的类型及容量； (4) 能正确选择和布置火灾探测和报警设备； (5) 能依据相关专业提供的消防设备条件明确消防联动控制的内容及控制要求，选择及布置相应的控制模块； (6) 能正确选择火灾自动报警与联动控制系统配线及敷设方式； (7) 能进行消防控制室的选址、面积确定、设备布置； (8) 会进行火灾自动报警施工图的绘制	(1) 应选用国家、行业及相关的现行规范、标准； (2) 计算书：报警设备容量计算和回路容量确定应准确，引用参数有根据； (3) 设备、材料选择符合行业标准和现行规范要求； (4) 图纸：设计图纸要求达到施工图设计深度，图面美观，设计合理，符合制图标准
3	安全防范系统工程设计	(1) 闭路电视监控系统； (2) 防盗报警系统； (3) 楼宇对讲系统； (4) 门禁系统； (5) 停车场管理系统	(1) 能根据建筑功能要求确定各个系统的结构形式； (2) 能依据各系统的结构形式选择相应的设备和材料； (3) 能确定每个系统的接线和设备布置要求； (4) 会进行工程设计绘制施工图	(1) 应选用国家、行业及相关的现行规范、标准； (2) 计算书：设备容量计算和回路容量确定应准确，引用参数有根据； (3) 设备、材料选择符合行业标准和现行规范要求； (4) 图纸：设计图纸要求达到施工图设计深度，图面美观，设计合理，符合制图标准
4	信息与网络系统设计	(1) 局域网组网设计； (2) 综合布线系统设计	(1) 能分析确定信息网络系统的设计标准和信息点位布置； (2) 能确定局域网的结构形式； (3) 能选择信息网络系统设备和材料； (4) 会进行局域网组网方案设计； (5) 会进行电话机房、网络中心机房设计； (6) 综合布线系统工程施工图绘制	(1) 应选用国家、行业及相关的现行规范、标准； (2) 计算书：设备容量计算应准确，引用参数有根据； (3) 设备、材料选择符合行业标准和现行规范要求； (4) 图纸：设计图纸要求达到施工图设计深度，图面美观，设计合理，符合制图标准

4.3.2 施工安装岗位的实习内容及要求应符合表4.3.2的要求。

施工安装岗位的实习内容及要求 表4.3.2

序号	实习项目	实习内容	实习目标	实习要求
1	施工技术管理	（1）参与图纸会审、技术核定； （2）参与施工作业班组的技术交底； （3）参与测量放线； （4）参与管线、设备安装预留、预埋； （5）参与安装施工过程中操作与技术指导	初步具备施工技术管理能力	（1）熟悉施工图会审的内容及程序；初步具备设备安装工程的技术交底能力； （2）能看懂工程图并能对工程图中的工艺与技术问题提出合理建议； （3）掌握测量放线的基本要领，具备测量放线操作能力； （4）能确定预留预埋的内容及做法，配合土建施工完成预留预埋； （5）掌握设备、管线的安装施工工艺，具备基本操作技能； （6）初步具备施工工程中处理相应技术问题的能力
2	施工进度成本控制	（1）参与工程施工组织设计，参与网络计划的编制； （2）参与制定并调整施工进度计划、施工资源需求计划和编制施工作业计划； （3）参与施工现场组织协调，落实施工作业计划； （4）参与现场经济签证、成本控制及成本核算	初步具备施工组织设计和施工进度控制能力	（1）能进行工程施工组织设计，会编制网络计划图； （2）能够调整和控制一般设备安装工程的施工进度计划、施工资源需求计划和施工作业计划； （3）初步具备施工过程中的组织、沟通和协调能力； （4）初步掌握确定成本控制的方法，能根据实际情况进行成本控制； （5）会正确填写现场经济签证。初步具备成本控制及成本核算能力
3	质量安全管理	（1）参与质量、环境与职业健康、安全的预控； （2）参与质量、环境与职业健康、安全问题的调查，提出整改措施并落实； （3）参与施工作业的质量、环境与职业健康、安全的控制，参与隐蔽、分项和单位工程的质量验收	初步具备施工质量和安全控制能力	（1）能制订质量、环境与职业健康、安全等预控措施并实施； （2）掌握隐蔽、分项和单位工程的质量验收内容、验收方法和验收组织； （3）能够对质量、环境与职业健康、安全问题的调查结果提出整改措施并落实

序号	实习项目	实习内容	实习目标	实习要求
4	施工信息资料管理	（1）编写施工日志、施工记录等相关施工资料； （2）参与汇总、整理施工资料	具备施工技术资料整理与管理能力	（1）完整准确地编写施工日志、施工记录等相关施工资料，内容完整、重点突出、条理清晰； （2）能够熟练汇总、整理归档施工资料

4.3.3　工程造价岗位的实习内容及要求应符合表 4.3.3 的要求。

工程造价岗位的实习内容及要求　　　　　　　　　　表 4.3.3

序号	实习项目	实习内容	实习目标	实习要求
1	建筑智能化工程造价	（1）识读建筑智能化工程施工图； （2）建筑智能化工程量计算； （3）建筑智能化工程量清单编制； （4）建筑智能化工程投标报价编制； （5）建筑智能化工程报价书整理、装订	（1）能够正确识读建筑智能化工程施工图； （2）能熟练应用建筑智能化工程定额； （3）会编制建筑智能化工程量清单； （4）会编制建筑智能化工程投标报价； （5）会收集建筑智能化工程造价相关市场信息	（1）工程量清单内容齐全，无多项漏项； （2）套用定额正确，取费标准符合要求； （3）投标报价合理； （4）报价书装订顺序正确
2	消防工程造价	（1）识读消防工程施工图； （2）消防工程量计算； （3）消防工程量清单编制； （4）消防工程投标报价编制； （5）消防工程报价书整理、装订	（1）能够识读消防工程施工图； （2）能熟练应用消防工程定额； （3）会编制消防工程量清单； （4）会编制消防工程投标报价； （5）会收集消防工程造价相关市场信息	（1）工程量清单内容齐全，无多项漏项； （2）套用定额正确，取费标准符合要求； （3）投标报价合理； （4）报价书装订顺序正确
3	信息与网络系统工程造价	（1）识读信息与网络系统施工图； （2）信息与网络系统工程量计算； （3）信息与网络系统工程量清单编制； （4）信息与网络系统工程投标报价编制； （5）信息与网络系统工程报价书整理、装订	（1）能够识读信息与网络系统工程施工图； （2）能熟练应用信息与网络系统工程定额； （3）会编制信息与网络系统工程量清单； （4）会编制信息与网络系统工程投标报价； （5）会收集信息与网络系统工程造价相关市场信息	（1）工程量清单内容齐全，无多项漏项； （2）套用定额正确，取费标准符合要求； （3）投标报价合理； （4）报价书装订顺序正确

4.3.4 运行管理岗位的实习内容及要求应符合表 4.3.4 的要求。

运行管理岗位的实习内容及要求 表 4.3.4

序号	实习项目	实习内容	实习目标	实习要求
1	变配电系统运行管理	(1) 用户变电所正常运行与管理操作; (2) 建筑动力配电系统系统的运行、管理与维护; (3) 照明配电系统的运行、管理与维护; (4) 常见变配电系统运行故障分析与排除; (5) 用电系统运行管理日志的填写	(1) 会进行用户变电所正常送电与断电操作; (2) 会进行建筑各动力设备的运行控制操作; (3) 能分析和排除变配电系统、动力设备配电与控制系统、照明配电与控制系统的运行故障; (4) 能进行建筑供配电系统的日常维护和管理; (5) 会正确填写运行管理日志	(1) 用户变电所正常送电与断电操作应符合安全操作规程; (2) 建筑各动力设备的运行控制操作应符合安全操作规程; (3) 能正确分析和排除建筑供配电、动力与照明系统的运行故障; (4) 能正确进行建筑供配电系统的日常维护和管理; (5) 运行管理日志填写正确
2	火灾自动报警系统运行管理	(1) 火灾自动报警与消防联动控制系统正常启动与停机操作; (2) 火灾自动报警与消防联动控制系统的运行、巡检操作; (3) 火灾自动报警与消防联动控制系统运行故障分析与排除; (4) 火灾自动报警与消防联动控制系统日常维护; (5) 系统运行管理日志的填写	(1) 能进行火灾自动报警与消防联动控制系统正常启动与停机操作; (2) 具备火灾自动报警与消防联动控制系统的运行、巡检操作能力; (3) 能分析与排除火灾自动报警与消防联动控制系统运行中常见故障; (4) 初步具备火灾自动报警与消防联动控制系统日常维护能力; (5) 会正确填写系统运行管理日志	(1) 火灾自动报警与消防联动控制系统启动与停机操作符合操作规程; (2) 火灾自动报警与消防联动控制系统的运行调节方法正确,运行程序及参数符合规范要求; (3) 能正确分析与排除火灾自动报警与消防联动控制系统运行中常见故障; (4) 能正确进行系统日常维护,正确填写系统运行管理日志
3	安全防范系统、信息与网络系统运行管理	(1) 闭路电视监控系统运行、管理与维护; (2) 防盗报警系统运行、管理与维护; (3) 楼宇对讲系统运行、管理与维护; (4) 门禁系统运行、管理与维护; (5) 停车场管理系统运行、管理与维护; (6) 局域网运行、管理与维护	(1) 能进行各系统正常启动与停机操作; (2) 具备各系统的运行操作能力; (3) 能分析与排除各系统运行中常见故障; (4) 初步具备各系统日常维护能力; (5) 会正确填写各系统运行管理日志	(1) 各系统启动与停机操作符合操作规程; (2) 各系统的运行调节方法正确,运行程序及参数符合规范要求; (3) 能正确分析与排除各系统运行中常见故障; (4) 能正确进行系统日常维护与管理,正确填写系统运行管理日志

序号	实习项目	实习内容	实习目标	实习要求
4	建筑设备监控系统运行管理	(1) 集中空调监控系统运行、管理与维护； (2) 建筑供配电监控系统运行、管理与维护； (3) 电梯监控系统运行、管理与维护； (4) 智能照明监控系统运行、管理与维护； (5) 建筑给水监控系统运行、管理与维护	(1) 能进行各监控系统正常启动与停机操作； (2) 具备各监控系统的运行操作能力； (3) 能分析与排除各监控系统运行中常见故障； (4) 初步具备各监控系统日常维护能力； (5) 会正确填写各监控系统运行管理日志	(1) 各监控系统启动与停机操作符合操作规程； (2) 各监控系统的运行调节方法正确，运行程序及参数符合规范要求； (3) 能正确分析与排除各监控系统运行中常见故障； (4) 能正确进行各监控系统日常维护与管理，正确填写系统运行管理日志

4.4 实 习 指 导 教 师

4.4.1 顶岗实习必须配备一定数量的校内实习指导教师和企业实习指导教师，共同管理和指导学生顶岗实习，且应以企业实习指导教师指导为主。

4.4.2 校内实习指导教师的配备应符合以下要求：

(1) 学校指导教师应有三年以上楼宇智能化工程技术专业（包括建筑电气工程、电气自动化、计算机网络技术等相关专业）的教学工作经历，担任过一门以上专业课程的教学，独立指导过本专业工种基本技能操作实训和施工安装实习等实践教学环节。

(2) 学校指导教师应具有讲师及以上职称，并具有"双师"素质。

(3) 学校应根据学生人数合理配置校内指导教师，每位校内指导教师指导的顶岗实习学生不应超过 20 人，指导教师应负责顶岗实习全过程管理及指导。

4.4.3 企业实习指导教师的配备应符合以下要求：

(1) 企业实习指导教师应有三年以上建筑智能化工程技术专业（包括建筑电气工程、电气自动化、计算机网络技术等相关专业）的工作经历，全过程主持过大中型建筑项目中建筑电气工程、建筑智能化工程、信息与网络工程、消防工程等任何一项工程的施工管理、工程设计、工程造价以及招投标文件的编制工作。

(2) 施工企业实习指导教师宜具有相关专业中级及以上职称，并具有一定的工程实际经验。

(3) 各实习基地应根据各自单位的具体岗位、实习学生人数等情况合理配置一定数量的企业指导教师，每个实习场地至少配置 1 名企业指导教师。

4.5 实 习 考 核

4.5.1 学校应与顶岗实习基地共同建立对学生的顶岗实习考核制度，共同制定实习评价标准，共同组织实施，以企业考核为主。

4.5.2 考核成绩构成：实习单位实习指导教师对学生的考核，宜占总成绩的 70%；

校内实习指导教师对学生顶岗实习过程检查及实习报告进行评价，宜占总成绩的 30%。

4.5.3　实习单位要对学生在实习岗位的表现情况进行考核，由实习指导教师签字并加盖单位公章。

校内实习指导教师要对学生在实习全过程表现进行考核，实习学生每天要写实习日志（或实习周志），实习结束时要写出顶岗实习报告，校内实习指导教师要对学生顶岗实习过程检查情况和实习报告进行评价，必要时可组织实习报告答辩，给出评价成绩。

4.5.4　实用成绩分为优秀、良好、合格、不合格四个等级。

5. 实 习 组 织 管 理

5.1 一 般 规 定

5.1.1 学校、企业和学生本人应签订三方协议，规范各方权利和义务。

5.1.2 学生实习期间，必须按国家有关规定购买意外伤害保险。

5.1.3 顶岗实习前，学校、顶岗实习基地应对学生进行以下教育培训：

（1）学校应对学生进行实习动员和安全文明教育，动员时间不宜少于 2 学时。

（2）顶岗实习基地应在实习前对学生进行实习项目的基本操作规程和安全文明生产教育，时间不宜少于 4 学时。

5.1.4 学校与实习基地应共同建立顶岗实习组织管理机构，共同制定顶岗实习计划，共同负责组织、管理、安排和协调学生顶岗实习事宜。

5.2 各方权利和义务

5.2.1 学校应享有的权利和应履行的义务是：

（1）进行顶岗实习基地的规划和建设，根据专业性质的不同，建立数量适中、布点合理、稳定的顶岗实习基地。

（2）根据专业培养方案，为学生提供符合要求的顶岗实习岗位。

（3）全面负责顶岗实习的组织、实施和管理。

（4）配备责任心强、有实践经验的顶岗实习指导教师和管理人员。

（5）对顶岗实习基地的指导教师进行必要的培训。

（6）根据顶岗实习基地的要求，优先向其推荐优秀毕业生。

5.2.2 顶岗实习基地应享有的权利和应履行的义务是：

（1）建立顶岗实习管理机构，安排固定人员管理顶岗实习工作，并选派有经验的专业技术人员担任顶岗实习指导教师，承担业务指导的主要职责。

（2）负责对顶岗实习学生工作时间内的管理。

（3）参与制定顶岗实习计划。

（4）为顶岗实习学生提供必要的住宿、工作、学习、生活条件，提供或借用劳动防护用品。

（5）享有优先选聘顶岗实习学生的权利。

（6）依法保障顶岗实习学生的休息休假和劳动安全卫生。

5.2.3 顶岗实习学生应享有的权利和应履行的义务是：

（1）遵守国家法律法规和顶岗实习基地规章制度，遵守实习纪律。

（2）服从领导和工作安排，尊重、配合指导教师的工作，及时反馈对实习的意见和建议，与顶岗实习基地员工团结协作。

（3）认真执行工作程序，严格遵守安全操作规程。

（4）依法享有休息休假和劳动保护权利。

（5）遵守保密规定，不泄露顶岗实习基地的技术、财务、人事、经营等机密。

（6）学生在顶岗实习期间所形成的一切工作成果均属顶岗实习基地，将其应用于顶岗实习工作以外的任何用途，均需顶岗实习基地的同意。

5.3 实 习 过 程 管 理

5.3.1 学校和实习单位在学生顶岗实习期间，应当维护学生的合法权益，确保学生在实习期间的人身安全和身心健康。

5.3.2 学校组织学生顶岗实习应当遵守相关法律法规，制定具体的管理办法，并报上级教育行政部门和行业主管部门备案。

5.3.3 学校应当对学生顶岗实习的单位、岗位进行实地考察，考察内容应包括：学生实习岗位工作性质、工作内容、工作时间、工作环境、生活环境及安全防护等方面。

5.3.4 学生到实习单位顶岗实习前，学校、实习单位、学生应签订三方顶岗实习协议，明确各自责任、权利和义务。对于未满18周岁的学生，应由学校、实习单位、学生与法定监护人（家长）共同签订，顶岗实习协议内容必须符合国家相关法律法规要求。

5.3.5 学校和实习单位应当为学生提供必要的顶岗实习条件和安全健康的顶岗实习劳动环境。不得通过中介机构有偿代理组织、安排和管理学生顶岗实习工作；学生顶岗实习应当执行国家在劳动时间方面的相关规定。

5.3.6 建立学校、实习单位和学生家长定期信息通报制度。学校向家长通报学生顶岗实习情况。学校与实习单位共同做好顶岗实习期间的教育教学工作。

5.3.7 顶岗实习基地接收顶岗实习学生人数超过20人以上的，学校要安排一名实习指导教师与企业共同指导与管理实习学生。有条件的学校宜根据实习学生分布情况按地区建立实习指导教师驻地工作站。

5.3.8 学生顶岗实习期间，遇到问题或突发事件，应及时向实习指导教师和实习单位及学校报告。

5.4 实 习 安 全 管 理

5.4.1 学校和实习基地在学生顶岗实习期间，应当维护学生的合法权益，确保学生在实习期间的人身安全和身心健康。学生顶岗实习工作时间原则上不得超过劳动法的有关规定。

5.4.2 学校顶岗实习管理领导小组检查监控二级学院（系）顶岗实习过程，各二级学院（系）顶岗实习工作小组要注重实习过程中的安全教育、防护工作，确定安全管理责任人。

5.5 实 习 经 费 保 障

5.5.1 实习教学经费是指由学校预算安排，属实习教学专项经费，应实行"统一计划、统筹分配、专款专用"的原则。任何单位和个人不得挤占、截留和挪用。

5.5.2 实习教学经费开支范围可包括：校内实习指导教师的交通费、住宿费、课

时费，学生意外伤害保险费，实习教学资料费，实习基地的实习教学管理费、授课酬金等。

5.5.3 鼓励有条件的实习基地向顶岗实习学生支付合理的实习补助。实习补助的标准应当通过签订顶岗实习协议进行约定。不得向学生收取实习押金和实习报酬提成。

高职高专教育工业设备安装工程技术专业

顶岗实习标准

1. 总　　则

1.0.1　为了推动工业设备安装工程技术专业校企合作、工学结合人才培养模式改革，保证顶岗实习效果，提高人才培养质量，特制定本标准。

1.0.2　本标准依据工业设备安装工程技术专业学生的专业能力和知识的基本要求制定，是《高职高专教育工业设备安装工程技术专业教学基本要求》的重要组成部分。

1.0.3　本标准是学校组织实施工业设备安装工程技术专业顶岗实习的依据，也是学校、企业合作建设工业设备安装工程技术专业顶岗实习基地的标准。

1.0.4　工业设备安装工程技术专业顶岗实习应达到的教学目标是：

（1）使学生充分感受企业文化、体验职业环境、树立职业理想、遵守行业规程，养成良好的职业道德和职业素养。

（2）培养学生吃苦耐劳、热爱本职工作的职业精神。

（3）增强学生质量意识和安全生产意识。

（4）增强学生团队协作能力及组织协调和沟通交往意识。

（5）使学生能够将所学知识与技能综合应用于工程实践，获取初步的岗位工作经验。

1.0.5　工业设备安装工程技术专业的顶岗实习，除应执行本标准外，尚应执行《高职高专教育工业设备安装工程技术专业教学基本要求》和国家相关法律法规。

2. 术 语

2.0.1 顶岗实习

顶岗实习是指高等职业院校根据专业培养目标要求，组织学生以准员工的身份进入企（事）业等单位专业对口的工作岗位，直接参与实际工作过程，完成一定工作任务，以获得初步的岗位工作经验、养成良好职业素养的一种实践性教学形式。

2.0.2 顶岗实习基地

顶岗实习基地是指具有独立法人资格，具备接受一定数量学生顶岗实习的条件，愿意接纳顶岗实习，并与学校具有稳定合作关系的企（事）业等单位。

2.0.3 企业资质

企业资质是指企业在从事某种行业经营中，应具有的资格以及与此资格相适应的质量等级标准。企业资质包括企业的人员素质、技术及管理水平、工程设备、资金及效益情况、承包经营能力和建设业绩等。

2.0.4 实习指导教师

实习指导教师是指专门负责学生顶岗实习指导、管理的学校教师和企（事）业有经验的专业技术人员。

2.0.5 实习协议

实习协议是按照《中华人民共和国职业教育法》及各省、市、自治区劳动保障部门的相关规定，由学校、企业、学生达成的实习协议。

3. 实习基地条件

3.1 一般规定

3.1.1 学校应建立稳定的顶岗实习基地。顶岗实习基地应建立在具有独立法人资格、自愿接纳学生顶岗实习的从事工业设备安装安装工程设计、施工、工程咨询、运行管理与设备销售等业务的具有相应企业资质的单位。

3.1.2 顶岗实习基地应具备以下基本条件：

(1) 有常设的实习管理机构和管理人员。

(2) 有健全的实习管理制度。

(3) 有完备的劳动保护和职业卫生条件。

3.1.3 顶岗实习基地宜提供与本专业培养目标相适应的职业岗位，并应对学生实施轮岗实习。

3.2 资质与资信

3.2.1 顶岗实习基地的资质应满足以下要求：

(1) 具有房屋建筑工程施工总承包企业资质三级及以上。

(2) 具有机电安装工程施工总承包企业资质三级及以上。

(3) 具有机电设备安装工程专业承包企业资质三级及以上。

(4) 具有消防设施工程专业承包企业资质三级及以上。

(5) 具有管道工程专业承包企业资质二级及以上。

(6) 具有水暖电安装作业分包企业资质二级及以上。

3.2.2 顶岗实习基地的资信应满足以下要求：

(1) 实习单位的营业执照，资质证书，安全生产许可证，税务登记证，组织机构代码齐全，内容真实正确。

(2) 实习单位近三年无重大人为安全事故。

(3) 企业信用等级优良（A级及以上），业界评价好。

3.3 场地与设施

3.3.1 实习场地主要工程内容应能满足本专业学生顶岗实习教学要求。

3.3.2 实习场地应有固定的办公场所，能提供必要的工作条件，网络、移动通信畅通。

3.3.3 实习场地宜为学生提供必需的食宿条件和劳动防护用品，并保障学生实习期间的生活便利、饮食安全和人身安全。

3.4 岗位与人员

顶岗实习基地每个岗位接收学生人数不宜超过5人。

4. 实习内容与实施

4.1 一 般 规 定

4.1.1 学校应根据顶岗实习内容选择适宜的工程项目。

4.1.2 顶岗实习的内容安排应与专项技能实训、综合实训有机衔接。

4.1.3 顶岗实习岗位应包括工业设备安装行业施工员、二级造价师、质量员、安全员、资料员、材料员或物业行业物业设施运行管理员。

4.2 实 习 时 间

4.2.1 顶岗实习累计时间原则上为半年，宜安排在第三学年第二学期。各学校宜利用假期等适当延长顶岗实习时间。

4.2.2 对有条件轮岗的，安装现场施工员岗位顶岗实习时间不宜少于 10 周，质量安全岗位顶岗实习时间不宜少于 3 周，资料材料岗位顶岗实习时间不宜少于 3 周。

4.3 实习内容及要求

4.3.1 安装施工员岗位的实习内容及要求应符合表 4.3.1 的要求。

安装施工员岗位的实习内容及要求 表 4.3.1

序号	实习项目	实习内容	实习目标	实习要求
1	识图绘图与工种操作	(1) 安装工程施工图识读和设备零件图、装配图的识读与 CAD 绘制； (2) 安装工程常用机具、工具的使用，相关工种的基本操作	(1) 掌握标准件的画法和标注方法，掌握零部件的结构形状分析方法和测绘步骤，熟悉装配图的规定画法、尺寸标注和技术要求，熟悉零部件序号和明细栏的表示方法； (2) 了解起重机的性能和使用方法，熟悉安装钳工、起重工、管工、车工、焊工和钣金工的机具、工具的使用	(1) 能够完整识读一套单位工程施工图，能对施工图纸常见的技术问题提出改进意见； (2) 轮流在不同的班组与工人一起操作，能够掌握常用机具、工具的使用和相关工种的操作
2	安装工程施工组织管理	(1) 参与图纸会审； (2) 参与制定并调整施工进度计划、施工资源需求量计划和编制施工作业计划；编制单位设备安装工程施工组织设计； (3) 参与施工作业班组技术交底；施工现场组织协调，落实施工作业计划；安装工程施工进度控制； (4) 参与测量放线、安装工程施工验收、运行和故障排除	(1) 熟悉设计图纸、领会设计意图、掌握工程特点及难点； (2) 能初步具备编制施工进度计划（横道图和网络图），编制资源需要量计划，编制单位工程施工方案；能结合项目具体情况编制单位设备安装工程施工组织设计； (3) 初步具备设备安装工程技术交底的能力；参与施工现场组织施工，参与工程项目管理，落实施工进度计划，调整进度计划；能协调施工安装过程中出现的一些简单问题； (4) 参与分部、分项工程验收、运行和故障排除	(1) 熟悉施工图会审的内容及程序； (2) 能够编制单位设备安装工程的施工计划、施工资源需求计划和施工作业计划；施工组织设计编制内容齐全，施工方案符合现场； (3) 完成一般设备安装工程的技术交底；初步具备施工现场的沟通协调能力，执行施工作业计划；施工进度控制措施具有可操作性； (4) 初步具备测量放线操作能力、工程验收能力

序号	实习项目	实习内容	实习目标	实习要求
3	安装测试安装工艺	（1）工业设备的精度检测方法的选择； （2）工业设备的安装工艺流程	（1）熟悉工业设备的精度检测方法，量具与量仪的使用方法； （2）掌握典型工业设备的安装工艺流程	（1）能进行直线度、平面度、水平度、垂直度、同轴度等的检测； （2）绘制工艺流程图并进行细化
4	金属结构制作与吊装技术	（1）简单金属结构的设计、计算和制作安装； （2）吊装机具的选用与计算； （3）自行式起重机及其应用	（1）熟悉金属结构的设计方法和基本构件的受力特点、截面设计公式，掌握桅杆的设计计算方法； （2）掌握起重搬运机、索、吊具的结构、种类、用途、计算、选用； （3）了解自行式起重机的种类，掌握自行式起重机的基本参数、起重特性曲线和选用	（1）能设计制作单桅杆，能设计制作安装管栏支架； （2）能设计计算钢丝绳、滑轮组、卷扬机、地锚； （3）会选择使用自行式起重机
5	管道焊接技术	（1）管道连接操作； （2）管道非标件制作； （3）焊接方法选择与焊缝检测； （4）焊接工艺评定	（1）熟悉管道连接的操作方法、管道压力试验； （2）掌握工业管道非标件的制作过程； （3）掌握焊接方法、焊条选择、焊缝检测方法； （4）了解焊接工艺评定的流程	（1）能进行管道的压力试验； （2）能进行非标制作的放样、下料； （3）能正确选择不同母材对应的焊条； （4）能配合焊接工程师进行焊接工艺评定

4.3.2 安装工程造价员岗位的实习内容及要求应符合表4.3.2的要求。

安装工程造价员岗位的实习内容及要求　　　　表4.3.2

序号	实习项目	实习内容	实习目标	实习要求
1	安装工程造价	（1）安装工程施工图的识读； （2）安装工程量计算； （3）安装工程量清单编制； （4）安装工程投标报价编制； （5）工程报价书整理、装订	（1）能够识读安装工程施工图； （2）能熟练应用安装工程定额计算安装工程量； （3）会编制安装工程量清单； （4）会编制安装工程投标报价，掌握工程量清单计价的招标底和投标控制价的区别； （5）学会收集安装工程造价相关市场信息	（1）能看懂一套单位安装工程施工图； （2）套用定额正确，取费标准符合要求； （3）工程量清单内容齐全，无多项漏项； （4）投标报价合理； （5）报价书装订顺序正确
2	施工图预算	（1）单位设备安装工程施工图预算； （2）单位设备安装工程项目预算和成本控制能力	（1）熟悉单位工程施工图预算编制程序、方法和步骤； （2）了解非标设备安装工程施工图预算	（1）能编制一套单位设备安装工程施工图预算； （2）会编制非标设备安装工程施工图预算

序号	实习项目	实习内容	实习目标	实习要求
3	施工预算	（1）单位设备安装工程施工预算； （2）单位设备安装工程施工预算编制案例	（1）熟悉单位设备安装工程施工预算编制程序； （2）掌握单位设备安装工程施工预算编制案例	能根据施工现场编制单位设备安装工程施工预算

4.3.3 安装工程质量员安全员岗位的实习内容及要求应符合表 4.3.3 的要求。

安装工程质量员安全员岗位的实习内容及要求　　　　表 4.3.3

序号	实习项目	实习内容	实习目标	实习要求
1	质量安全管理	（1）参与质量、环境与职业健康、安全的预控； （2）负责施工作业的质量、环境与职业健康、安全的控制，参与隐蔽、分项和单位工程的质量验收； （3）参与质量、环境与职业健康安全问题的调查，提出整改措施并落实	（1）掌握质量和质量管理的概念，初步具备施工质量的控制能力； （2）掌握安全管理的概念，熟悉人的不安全行为和物的不安全状态，树立安全意识，坚持质量、安全和文明施工； （3）保证施工现场不能出现质量事故和安全事故	（1）能制订质量、环境与职业健康、安全等预控措施并进行正确预控； （2）掌握隐蔽、分项和单位工程的质量验收内容、验收方法和验收组织，能定期对安全、质量隐患进行排查； （3）能够对质量、环境与职业健康、安全问题的调查结果提出整改措施并落实

4.3.4 安装工程资料员材料员岗位的实习内容及要求应符合表 4.3.4 的要求。

安装工程资料员材料员岗位的实习内容及要求　　　　表 4.3.4

序号	实习项目	实习内容	实习目标	实习要求
1	施工信息资料管理	（1）熟悉施工现场资料员的职责，编写施工日志、施工记录等相关施工资料； （2）参与收集、整理归档施工资料。能够记录施工情况，编制相关工程技术资料； （3）参与现场经济签证、成本控制及成本核算。利用专业软件对工程信息资料进行处理	（1）随工程的开展同步记录、收集、保存施工资料； （2）收集、整理归档所有工程合同、资料、图纸、洽商记录、来往函件以及工程图纸变更等技术资料，对需要变更的文件和设计方案，应对其进行编号登记，及时、有效地传达到工程技术文件使用者手中； （3）参与分部分项工程的验收签证，参与计划、统计工作、工程项目的内业管理工作	（1）编写施工日志、施工记录等相关施工资料完成准确，重点突出，条理清晰； （2）能够熟练汇总整理分类、存放保管、及时组卷、移交、归档施工资料； （3）会正确填写现场经济签证，初步具备成本控制及成本核算能力

序号	实习项目	实习内容	实习目标	实习要求
2	工程材料管理	（1）工程材料的应用、选择和试验检验； （2）编制施工现场材料计划	（1）熟悉工程材料的基本性质及其对力学性能的影响，掌握常用工程材料分类、牌号、性能及用途； （2）掌握施工现场工程材料及施工机具需要量计划的编制	（1）能正确选择、使用工程材料；严格执行材料管理制度和标准； （2）具有编制施工现场单位设备安装工程材料及施工机具需要量计划的能力；编制季、月材料供应计划

4.3.5　与本专业相关的其他实习岗位的实习内容及要求由校内实习指导教师与企业指导教师共同制定。

4.4　实 习 指 导 教 师

4.4.1　顶岗实习必须配备一定数量的校内实习指导教师和企业实习指导教师，共同管理和指导学生顶岗实习，且应以企业实习指导教师指导为主。

4.4.2　校内实习指导教师的配备应符合以下要求：

（1）学校指导教师应有三年以上工业设备安装工程技术专业的教学工作经历，担任过一门以上专业课程的教学，独立指导过本专业工种基本技能操作实训和施工安装实习等实践教学环节。

（2）学校指导教师应具有讲师以上职称，并具有双师素质。

（3）学校应根据学生人数合理配置校内指导教师，每班宜配置2名校内指导教师，负责顶岗实习全过程管理及指导。

4.4.3　企业实习指导教师的配备应符合以下要求：

（1）企业实习指导教师应有三年以上工业设备安装工程技术专业的工作经历，全过程主持过大中型项目的施工管理、工程设计、招投标文件的编制工作。

（2）施工企业实习指导教师宜具有工程师及以上职称，并具有一定的现场管理经验。

（3）各实习基地应根据各自单位的具体岗位、实习学生人数等情况合理配置一定数量的企业指导教师，每个实习场地至少配置1名企业指导教师。

4.5　实 习 考 核

4.5.1　学校应与顶岗实习基地共同建立对学生的顶岗实习考核制度，共同制定实习评价标准，共同组织实施，以企业考核为主。

4.5.2　考核成绩构成：实习单位实习指导教师对学生的考核，宜占总成绩的70%；校内实习指导教师对学生顶岗实习过程检查及实习报告进行评价，宜占总成绩的30%。

4.5.3　实习单位要对学生在实习岗位的表现情况进行考核，由实习指导教师签字并加盖单位公章。

校内实习指导教师要对学生在实习全过程表现进行考核，实习学生每天要写实习日志，实习结束时要写出顶岗实习报告，校内实习指导教师要对学生顶岗实习过程检查情况和实习报告进行评价，必要时可组织实习报告答辩，给出评价成绩。

4.5.4 实习成绩分为优秀、良好、合格、不合格四个等级。

5. 实习组织管理

5.1 一般规定

5.1.1 学校、企业和学生本人应订立三方协议，规范各方权利和义务。

5.1.2 学生实习期间，必须按国家有关规定购买意外伤害保险。

5.1.3 顶岗实习前，学校、顶岗实习基地应对学生进行以下教育培训：

（1）学校应对学生进行实习动员和安全文明教育，动员时间不宜少于2学时。

（2）顶岗实习基地应在实习前对学生进行实习项目的基本操作规程和安全文明生产教育，时间不宜少于4学时。

5.1.4 学校与实习基地应共同建立顶岗实习组织管理机构，共同制定顶岗实习计划，共同负责组织、管理、安排和协调学生顶岗实习事宜。

5.2 各方权利和义务

5.2.1 学校应享有的权利和应履行的义务是：

（1）进行顶岗实习基地的规划和建设，根据专业性质的不同，建立数量适中、布点合理、稳定的顶岗实习基地。

（2）根据专业培养方案，为学生提供符合要求的顶岗实习岗位。

（3）全面负责顶岗实习的组织、实施和管理。

（4）配备责任心强、有实践经验的顶岗实习指导教师和管理人员。

（5）对顶岗实习基地的指导教师进行必要的培训。

（6）根据顶岗实习基地的要求，优先向其推荐优秀毕业生。

（7）对不符合实习条件和不能落实应尽义务的实习单位进行更换。

5.2.2 顶岗实习基地应享有的权利和应履行的义务是：

（1）建立顶岗实习管理机构，安排固定人员管理顶岗实习工作，并选派有经验的专业技术人员担任顶岗实习指导教师，承担业务指导的主要职责。

（2）负责对顶岗实习学生工作时间内的管理。

（3）参与制定顶岗实习计划。

（4）为顶岗实习学生提供必要的住宿、工作、学习、生活条件，提供或借用劳动防护用品。

（5）享有优先选聘顶岗实习学生的权利。

（6）依法保障顶岗实习学生的休息休假和劳动安全卫生。

5.2.3 顶岗实习学生应享有的权利和应履行的义务是：

（1）遵守国家法律法规和顶岗实习基地规章制度，遵守实习纪律。

（2）服从领导和工作安排，尊重、配合指导教师的工作，及时反馈对实习的意见和建议，与顶岗实习基地员工团结协作。

（3）认真执行工作程序，严格遵守安全操作规程。

（4）依法享有休息休假和劳动保护权利。

（5）遵守保密规定，不泄露顶岗实习基地的技术、财务、人事、经营等机密。

（6）学生在顶岗实习期间所形成的一切工作成果均属顶岗实习基地，将其应用于顶岗实习工作以外的任何用途，均需顶岗实习基地的同意。

5.3 实习过程管理

5.3.1　学校和实习单位在学生顶岗实习期间，应当维护学生的合法权益，确保学生在实习期间的人身安全和身心健康。

5.3.2　学校组织学生顶岗实习应当遵守相关法律法规，制定具体的管理办法，并报上级教育行政部门和行业主管部门备案。

5.3.3　学校应当对学生顶岗实习的单位、岗位进行实地考察，考察内容应包括：学生实习岗位工作性质、工作内容、工作时间、工作环境、生活环境及安全防护等方面。

5.3.4　学生到实习单位顶岗实习前，学校、实习单位、学生应签订三方顶岗实习协议，明确各自责任、权利和义务。对于未满18周岁的学生，应由学校、实习单位、学生与法定监护人（家长）共同签订，顶岗实习协议内容必须符合国家相关法律法规要求。

5.3.5　学校和实习单位应当为学生提供必要的顶岗实习条件和安全健康的顶岗实习劳动环境。不得通过中介机构有偿代理组织、安排和管理学生顶岗实习工作；学生顶岗实习应当执行国家在劳动时间方面的相关规定。

5.3.6　建立学校、实习单位和学生家长定期信息通报制度。学校向家长通报学生顶岗实习情况。学校与实习单位共同做好顶岗实习期间的教育教学工作。

5.3.7　顶岗实习基地接收顶岗实习学生人数超过20人以上的，学校应安排一名实习指导教师与企业共同指导与管理实习学生，有条件的学校宜根据实习学生分布情况按地区建立实习指导教师驻地工作站。

5.3.8　学生顶岗实习期间，遇到问题或突发事件，应及时向实习指导教师和实习单位及学校报告。

5.4 实习安全管理

5.4.1　学校和实习基地在学生项岗实习期间，应当维护学生的合法权益，确保学生在实习期间的人身安全和身心健康。学生顶岗实习工作时间原则上不得超过劳动法的有关规定。

5.4.2　学校顶岗实习管理领导小组检查监控二级学院（系）顶岗实习过程，各二级学院（系）顶岗实习工作小组要注重实习过程中的安全教育、防护工作，确定安全管理责任人。

5.5 实习经费保障

5.5.1　实习教学经费是指由学校预算安排，属实习教学专项经费，应实行"统一计划、统筹分配、专款专用"的原则。任何单位和个人不得挤占、截留和挪用。

5.5.2　实习教学经费开支范围可包括：校内实习指导教师的交通费、住宿费、课

时费，学生意外伤害保险费，实习教学资料费，实习基地的实习教学管理费、授课酬金等。

5.5.3 鼓励有条件的实习基地向顶岗实习学生支付合理的实习补助。实习补助的标准应当通过签订顶岗实习协议进行约定。不得向学生收取实习押金和实习报酬提成。

高职高专教育消防工程技术专业

顶岗实习标准

1. 总　　则

1.0.1　为了推动消防工程技术专业校企合作、工学结合人才培养模式改革，保证顶岗实习效果，提高人才培养质量，特制定本标准。

1.0.2　本标准依据消防工程技术专业学生的专业能力和知识的基本要求制定，是《高职高专教育消防工程技术专业教学基本要求》的重要组成部分。

1.0.3　本标准是学校组织实施消防工程技术专业顶岗实习的依据，也是学校、企业合作建设消防工程技术专业顶岗实习基地的标准。

1.0.4　消防工程技术专业顶岗实习应达到的教学目标是：

（1）使学生充分感受企业文化、体验职业环境、树立职业理想、遵守行业规程，养成良好的职业道德和职业素养。

（2）培养学生吃苦耐劳、热爱本职工作的职业精神。

（3）增强学生质量意识和安全生产意识。

（4）增强学生团队协作能力及组织协调和沟通交往意识。

（5）使学生能够将所学知识与技能综合应用于工程实践，获取初步的岗位工作经验。

1.0.5　消防工程技术专业的顶岗实习，除应执行本标准外，尚应执行《高职高专教育消防工程技术专业教学基本要求》和国家相关法律法规。

2. 术　语

2.0.1　顶岗实习

顶岗实习是指高等职业院校根据专业培养目标要求，组织学生以准员工的身份进入企（事）业等单位专业对口的工作岗位，直接参与实际工作过程，完成一定工作任务，以获得初步的岗位工作经验、养成良好职业素养的一种实践性教学形式。

2.0.2　顶岗实习基地

顶岗实习基地是指具有独立法人资格，具备接受一定数量学生顶岗实习的条件，愿意接纳顶岗实习，并与学校具有稳定合作关系的企（事）业等单位。

2.0.3　企业资质

企业资质是指企业在从事某种行业经营中，应具有的资格以及与此资格相适应的质量等级标准。企业资质包括企业的人员素质、技术及管理水平、工程设备、资金及效益情况、承包经营能力和建设业绩等。

2.0.4　实习指导教师

实习指导教师是指专门负责学生顶岗实习指导、管理的学校教师和企（事）业有经验的专业技术人员。

2.0.5　实习协议

实习协议是按照《中华人民共和国职业教育法》及各省、市、自治区劳动保障部门的相关规定，由学校、企业、学生达成的实习协议。

3. 实习基地条件

3.1 一般规定

3.1.1 学校应建立稳定的顶岗实习基地。顶岗实习基地应建立在具有独立法人资格、自愿接纳学生顶岗实习的从事建筑设备安装工程设计、施工、运行管理、技术咨询、产品生产等业务的具有相应企业资质的单位。

3.1.2 顶岗实习基地应具备以下基本条件：

(1) 有常设的实习管理机构和管理人员。

(2) 有健全的实习管理制度。

(3) 有完备的劳动保护和职业卫生条件。

3.1.3 顶岗实习基地宜提供与本专业培养目标相适应的职业岗位，并应对学生实施轮岗实习。

3.2 资质与资信

3.2.1 顶岗实习基地的资质应满足以下要求：

(1) 具有房屋建筑工程施工总承包企业资质三级及以上。

(2) 具有机电安装工程施工总承包企业资质三级及以上。

(3) 具有机电设备安装工程专业承包企业资质三级及以上。

(4) 具有消防设施工程专业承包企业资质三级及以上。

(5) 具有管道工程专业承包企业资质二级及以上。

(6) 具有水电安装作业分包企业资质二级及以上。

3.2.2 顶岗实习基地的资信应满足以下要求：

(1) 实习单位的营业执照，资质证书，安全生产许可证，税务登记证，组织机构代码齐全，内容真实正确。

(2) 实习单位近三年无重大人为安全事故。

(3) 企业信用等级优良（A级及以上），业界评价好。

3.3 场地与设施

3.3.1 实习场地主要工程内容应能满足本专业学生顶岗实习教学要求。

3.3.2 实习场地应有固定的办公场所，能提供必要的工作条件，网络、移动通信畅通。

3.3.3 实习场地宜为学生提供必需的食宿条件和劳动防护用品，并保障学生实习期间的生活便利、饮食安全和人身安全。

3.4 岗位与人员

顶岗实习基地每个岗位接收学生人数不宜超过5人。

4. 实习内容与实施

4.1 一 般 规 定

4.1.1 学校应根据顶岗实习内容选择适宜的工程项目。

4.1.2 顶岗实习的内容安排应与专项技能实训、综合实训有机衔接。

4.1.3 顶岗实习岗位应包括施工员、二级造价师、质量员、资料员、设计员，并宜包括运行技术员等。

4.2 实 习 时 间

4.2.1 顶岗实习累计时间原则上为半年，宜安排在第三学年第二学期。各学校宜利用假期等适当延长顶岗实习时间。

4.2.2 对有条件轮岗的，设计岗位顶岗实习时间不宜少于4周，安装施工岗位顶岗实习时间不宜少于7周，工程造价岗位顶岗实习时间不宜少于3周，运行管理或监理岗位顶岗实习时间不宜少于4周。

4.3 实习内容及要求

4.3.1 设计岗位的实习内容及要求应符合表4.3.1的要求。

设计岗位的实习内容及要求 表 4.3.1

序号	实习项目	实习内容	实习目标	实习要求
1	建筑消防给水工程设计	（1）建筑消防系统的给水方案的确定； （2）流量计算； （3）水头损失计算； （4）水压确定； （5）建筑消防设施的选型； （6）消防给水系统施工图的绘制	（1）会根据实际建筑进行消防系统给水方案的确定； （2）能进行流量计算； （3）会进行水头损失计算； （4）会进行系统水压确定； （5）会进行消防设施的选型； （6）会进行消防给水系统施工图的绘制	（1）计算书：给水系统流量计算、水头损失计算及水压确定要求公式运用正确，引用数据有根据，计算步骤层次清楚，计算结果正确，计算书表格清晰合理； （2）图纸：设计图纸要求达到施工图设计深度，图面美观，设计合理，并符合制图标准
2	建筑防排烟工程设计	（1）建筑防排烟方案确定； （2）排烟、补风量计算； （3）风系统水力计算； （4）排烟、补风设备选型； （5）建筑防排烟施工图的绘制	（1）会根据建筑情况进行防排烟方案的确定； （2）会进行防排烟系统排烟量及补风量计算； （3）会进行风系统的水力计算； （4）会进行排烟、补风设备的选型； （5）会进行建筑防排烟施工图的绘制	（1）计算书：排烟量及补风量计算书和水力计算书要求公式运用正确，引用数据有根据，计算步骤层次清楚，计算结果正确，计算书表格清晰合理； （2）图纸：设计图纸要求达到施工图设计深度，图面美观，设计合理，并符合制图标准

4.3.2 施工安装岗位的实习内容及要求应符合表 4.3.2 的要求。

施工安装岗位的实习内容及要求   表 4.3.2

序号	实习项目	实习内容	实习目标	实习要求
1	施工技术管理	（1）参与图纸会审、技术核定； （2）参与施工作业班组的技术交底； （3）参与测量放线	初步具备施工技术管理能力	（1）能够对设计图纸常见的技术问题提出改进意见； （2）能够完成消防设备安装工程的技术交底； （3）熟练完成测量放线
2	施工进度成本控制	（1）参与制定并调整施工进度计划、施工资源需求计划和编制施工作业计划； （2）参与施工现场组织协调，落实施工作业计划； （3）参与现场经济签证、成本控制及成本核算	初步具备施工进度控制能力	（1）能够完成消防设备安装工程的施工计划、施工资源需求计划和施工作业计划； （2）初步具备施工现场的沟通协调能力，执行施工作业计划； （3）会正确填写现场经济签证。初步具备成本控制及成本核算能力
3	质量安全管理	（1）参与质量、环境与职业健康安全的预控； （2）负责施工作业的质量、环境与职业健康安全控制，参与隐蔽、分项和单位工程的质量验收； （3）参与质量、环境与职业健康安全问题的调查，提出整改措施并落实	初步具备施工质量和安全控制能力	（1）能够对质量、环境与职业健康安全进行正确预控； （2）能够进行隐蔽、分项和单位工程的质量验收； （3）能够对质量、环境与职业健康安全问题的调查结果提出整改措施并落实
4	施工信息资料管理	（1）编写施工日志、施工记录等相关施工资料； （2）参与汇总、整理施工资料	具备整理施工技术资料管理能力	（1）编写施工日志、施工记录等相关施工资料完成准确，重点突出，条理清晰； （2）能够熟练汇总、整理施工资料

4.3.3 工程造价岗位的实习内容及要求应符合表 4.3.3 的要求。

序号	实习项目	实习内容	实习目标	实习要求
1	建筑消防给水安装工程造价	（1）建筑消防给水施工图的识读； （2）给水工程量计算； （3）给水工程量清单编制； （4）给水工程投标报价编制； （5）工程报价书整理、装订	（1）能够识读消防给水工程施工图； （2）能熟练应用消防给水工程定额； （3）会编制消防给水工程量清单； （4）会编制消防给水工程投标报价； （5）学会收集消防排水工程造价相关市场信息	（1）工程量清单内容齐全，无多项漏项； （2）套用定额正确，取费标准符合要求； （3）投标报价合理； （4）报价书装订顺序正确
2	建筑防排烟工程造价	（1）建筑防排烟施工图的识读； （2）防排烟工程量计算； （3）防排烟工程量清单编制； （4）防排烟工程投标报价编制； （5）工程报价书整理、装订	（1）能够识读建筑防排烟工程施工图； （2）能熟练应用相关工程定额； （3）会编制建筑防排烟工程量清单； （4）会编制建筑防排烟工程投标报价； （5）学会收集建筑防排烟工程造价相关市场信息	（1）工程量清单内容齐全，无多项漏项； （2）套用定额正确，取费标准符合要求； （3）投标报价合理； （4）报价书装订顺序正确
3	消防安装工程施工组织设计	（1）建筑消防安装工程施工组织设计的编制； （2）建筑消防安装工程施工进度、质量、成本、安全、合同、信息控制措施	（1）能结合项目具体情况编制安装工程施工组织设计； （2）初步具备施工进度、质量、成本、安全等方面管理能力； （3）熟悉施工现场，能协调施工安装过程中出现的一些简单问题	（1）施工组织设计编制内容齐全； （2）施工方案符合现场情况，合理可行； （3）施工进度、质量、安全、成本等控制措施具有可操作性

4.3.4　运行管理岗位的实习内容及要求应符合表 4.3.4 的要求。

序号	实习项目	实习内容	实习目标	实习要求
1	建筑消防运行管理	（1）消防系统正常启动与停机操作； （2）常见消防系统运行故障分析与排除； （3）消防系统日常维护； （4）运行管理日志的填写	（1）会进行消防系统正常启动与停机操作； （2）会进行常见消防系统运行故障分析与排除； （3）初步具备消防系统日常维护能力； （4）会正确填写运行管理日志	（1）消防系统启动与停机操作符合规范要求； （2）能正确排除消防系统运行故障； （3）能正确进行消防系统日常维护； （4）运行管理日志填写正确

4.4 实习指导教师

4.4.1 顶岗实习必须配备一定数量的校内实习指导教师和企业实习指导教师，共同管理和指导学生顶岗实习，且应以企业实习指导教师指导为主。

4.4.2 校内实习指导教师的配备应符合以下要求：

（1）学校指导教师应有三年以上消防工程技术专业的教学工作经历，担任过一门以上专业课程的教学，独立指导过本专业工种基本技能操作实训和施工安装实习等实践教学环节。

（2）学校指导教师应具有讲师以上职称，并具有双师素质。

（3）学校应根据学生人数合理配置校内指导教师，每班宜配置 2 名校内指导教师，负责顶岗实习全过程管理及指导。

4.4.3 企业实习指导教师的配备应符合以下要求：

（1）企业实习指导教师应有三年以上消防工程技术专业的工作经历，全过程主持过大中型项目的消防工程的施工管理、工程设计、招投标文件的编制工作。

（2）施工企业实习指导教师宜具有工程师及以上职称，并具有一定的现场管理经验。

（3）各实习基地应根据各自单位的具体岗位、实习学生人数等情况合理配置一定数量的企业指导教师，每个实习场地至少配置 1 名企业指导教师。

4.5 实习考核

4.5.1 学校应与顶岗实习基地共同建立对学生的顶岗实习考核制度，共同制定实习评价标准，共同组织实施，以企业考核为主。

4.5.2 考核成绩构成：实习单位实习指导教师对学生的考核，宜占总成绩的 70%；校内实习指导教师对学生顶岗实习过程检查及实习报告进行评价，宜占总成绩的 30%。

4.5.3 实习单位要对学生在实习岗位的表现情况进行考核，由实习指导教师签字并加盖单位公章。

校内实习指导教师要对学生在实习全过程表现进行考核，实习学生每天要写实习日志，实习结束时要写出顶岗实习报告，校内实习指导教师要对学生顶岗实习过程检查情况和实习报告进行评价，必要时可组织实习报告答辩，给出评价成绩。

4.5.4 实习成绩分为优秀、良好、合格、不合格四个等级。

5 实习组织管理

5.1 一般规定

5.1.1 学校、企业和学生本人应订立三方协议，规范各方权利和义务。

5.1.2 学生实习期间，必须按国家有关规定购买意外伤害保险。

5.1.3 顶岗实习前，学校、顶岗实习基地应对学生进行以下教育培训：

（1）学校应对学生进行实习动员和安全文明教育，动员时间不宜少于 2 学时。

（2）顶岗实习基地应在实习前对学生进行实习项目的基本操作规程和安全文明生产教育，时间不宜少于 4 学时。

5.1.4 学校与实习基地应共同建立顶岗实习组织管理机构，共同制定顶岗实习计划，共同负责组织、管理、安排和协调学生顶岗实习事宜。

5.2 各方权利和义务

5.2.1 学校应享有的权利和应履行的义务是：

（1）进行顶岗实习基地的规划和建设，根据专业性质的不同，建立数量适中、布点合理、稳定的顶岗实习基地。

（2）根据专业培养方案，为学生提供符合要求的顶岗实习岗位。

（3）全面负责顶岗实习的组织、实施和管理。

（4）配备责任心强、有实践经验的顶岗实习指导教师和管理人员。

（5）对顶岗实习基地的指导教师进行必要的培训。

（6）根据顶岗实习基地的要求，优先向其推荐优秀毕业生。

5.2.2 顶岗实习基地应享有的权利和应履行的义务是：

（1）建立顶岗实习管理机构，安排固定人员管理顶岗实习工作，并选派有经验的专业技术人员担任顶岗实习指导教师，承担业务指导的主要职责。

（2）负责对顶岗实习学生工作时间内的管理。

（3）参与制定顶岗实习计划。

（4）为顶岗实习学生提供必要的住宿、工作、学习、生活条件，提供或借用劳动防护用品。

（5）享有优先选聘顶岗实习学生的权利。

（6）依法保障顶岗实习学生的休息休假和劳动安全卫生。

5.2.3 顶岗实习学生应享有的权利和应履行的义务是：

（1）遵守国家法律法规和顶岗实习基地规章制度，遵守实习纪律。

（2）服从领导和工作安排，尊重、配合指导教师的工作，及时反馈对实习的意见和建议，与顶岗实习基地员工团结协作。

（3）认真执行工作程序，严格遵守安全操作规程。

（4）依法享有休息休假和劳动保护权利。

（5）遵守保密规定，不泄露顶岗实习基地的技术、财务、人事、经营等机密。

（6）学生在顶岗实习期间所形成的一切工作成果均属顶岗实习基地，将其应用于顶岗实习工作以外的任何用途，均需顶岗实习基地的同意。

5.3 实 习 过 程 管 理

5.3.1 学校和实习单位在学生顶岗实习期间，应当维护学生的合法权益，确保学生在实习期间的人身安全和身心健康。

5.3.2 学校组织学生顶岗实习应当遵守相关法律法规，制定具体的管理办法，并报上级教育行政部门和行业主管部门备案。

5.3.3 学校应当对学生顶岗实习的单位、岗位进行实地考察，考察内容应包括：学生实习岗位工作性质、工作内容、工作时间、工作环境、生活环境及安全防护等方面。

5.3.4 学生到实习单位顶岗实习前，学校、实习单位、学生应签订三方顶岗实习协议，明确各自责任、权利和义务。对于未满18周岁的学生，应由学校、实习单位、学生与法定监护人（家长）共同签订，顶岗实习协议内容必须符合国家相关法律法规要求。

5.3.5 学校和实习单位应当为学生提供必要的顶岗实习条件和安全健康的顶岗实习劳动环境。不得通过中介机构有偿代理组织、安排和管理学生顶岗实习工作；学生顶岗实习应当执行国家在劳动时间方面的相关规定。

5.3.6 建立学校、实习单位和学生家长定期信息通报制度。学校向家长通报学生顶岗实习情况。学校与实习单位共同做好顶岗实习期间的教育教学工作。

5.3.7 顶岗实习基地接收顶岗实习学生人数超过20人以上的，学校要安排一名实习指导教师与企业共同指导与管理实习学生，有条件的学校宜根据实习学生分布情况按地区建立实习指导教师驻地工作站。

5.3.8 学生顶岗实习期间，遇到问题或突发事件，应及时向实习指导教师和实习单位及学校报告。

5.4 实 习 安 全 管 理

5.4.1 学校和实习基地在学生顶岗实习期间，应当维护学生的合法权益，确保学生在实习期间的人身安全和身心健康。学生顶岗实习工作时间原则上不得超过劳动法的有关规定。

5.4.2 学校顶岗实习管理领导小组检查监控二级学院（系）顶岗实习过程，各二级学院（系）顶岗实习工作小组要注重实习过程中的安全教育、防护工作，确定安全管理责任人。

5.5 实 习 经 费 保 障

5.5.1 实习教学经费是指由学校预算安排，属实习教学专项经费，应实行"统一计划、统筹分配、专款专用"的原则。任何单位和个人不得挤占、截留和挪用。

5.5.2 实习教学经费开支范围可包括：校内实习指导教师的交通费、住宿费、课

时费，学生意外伤害保险费，实习教学资料费，实习基地的实习教学管理费、授课酬金等。

5.5.3 鼓励有条件的实习基地向顶岗实习学生支付合理的实习补助。实习补助的标准应当通过签订顶岗实习协议进行约定。不得向学生收取实习押金和实习报酬提成。

高职高专教育市政工程技术专业

顶岗实习标准

1. 总　　则

1.0.1　为了推动市政工程技术专业校企合作、工学结合人才培养模式改革，保证顶岗实习效果，提高人才培养质量，特制定本标准。

1.0.2　本标准依据市政工程技术专业学生的专业能力和知识的基本要求制定，是《高职高专教育市政工程技术专业教学基本要求》的重要组成部分。

1.0.3　本标准是学校组织实施市政工程技术专业顶岗实习的依据，也是学校、企业合作建设市政工程技术专业顶岗实习基地的标准。

1.0.4　市政工程技术专业顶岗实习应达到的教学目标是：

(1) 使学生能够将所学专业知识与技能综合应用于市政工程实践。

(2) 使学生对企业组织机构与职能、企业的运作方式有一定的了解，养成诚信、敬业、科学、严谨的工作态度，自觉遵守职业纪律。

(3) 使学生充分感受企业文化、体验职业环境、树立职业理想，养成良好的职业道德和职业素养。

(4) 熟悉企业环境、岗位工作环境和安全工作规范，具备在市政工程项目建设过程中文明施工、劳动保护与安全防范的能力。

(5) 使学生获取初步的职业岗位工作经验。

1.0.5　市政工程技术专业的顶岗实习，除应执行本标准外，尚应执行国家相关法律法规。

2. 术　　语

2.0.1　顶岗实习

顶岗实习是指职业院校根据专业培养目标要求，组织学生以准员工的身份进入企（事）业等单位专业对口的工作岗位，直接参与实际工作过程，完成一定工作任务，以获得初步的岗位工作经验、养成良好职业素养的一种实践性教学形式。

2.0.2　顶岗实习基地

顶岗实习基地是指具有独立法人资格，具备接受一定数量学生顶岗实习的条件，愿意接纳顶岗实习学生，并与学校具有稳定合作关系的企（事）业等单位。

2.0.3　实习指导教师

实习指导教师是指专门负责学生顶岗实习指导、管理的学校市政工程技术专业教师和企业有经验的市政工程技术专业技术人员。

2.0.4　实习协议

实习协议是按照《中华人民共和国高等教育法》、《中华人民共和国职业教育法》及各省市劳动保障部门的相关规定，由学校、企业、学生达成的三方协议。

3. 实习基地条件

3.1 一般规定

3.1.1 学校应建立稳定的顶岗实习基地。顶岗实习基地应建立在符合顶岗实习条件，自愿接纳顶岗实习学生的市政工程施工企业、市政工程设计院、市政工程管理部门、路桥施工企业、水资源管理局等企事业单位。

3.1.2 顶岗实习基地应具备以下基本条件：

（1）有专门的实习管理机构和管理人员。

（2）有健全的实习管理制度。

（3）有完备的劳动安全保障和职业卫生条件。

3.1.3 顶岗实习基地应提供与本专业培养目标相适应的职业岗位，并宜对学生实施轮岗实习。

3.2 资质与资信

3.2.1 实习基地应具备市政公用工程施工总承包企业资质。

3.2.2 实习基地应有良好信誉，资信状况良好。

3.3 场地与设施

3.3.1 实习基地应具备符合学生实习的场所和设施，应提供必要的工作条件，每个实习生宜有办公桌椅、计算机、必备的施工规范、技术资料等。

3.3.2 实习基地应为学生提供必需的劳动防护用品，保障学生实习期间的生活便利和人身安全。

3.4 岗位与人员

3.4.1 实习基地可提供施工员、质量员、资料员等岗位。

3.4.2 实习基地接收实习学生数宜为2～10人。

3.4.3 实习基地的每个岗位接收实习学生不宜超过5人。

4. 实习内容与实施

4.1 一 般 规 定

4.1.1 学校应根据顶岗实习内容选择适宜的工程项目。

4.1.2 顶岗实习的内容和时间安排应与专项技能实训、综合实训有机衔接。

4.1.3 顶岗实习岗位应包括施工员、质量员、资料员等，并宜包括二级造价师、安全员岗位。

4.2 实 习 时 间

4.2.1 顶岗实习累计时间原则上为半年，宜安排在最后一年或最后一个学期。各学校宜利用假期等适当延长顶岗实习时间。

4.2.2 主要岗位实习时间不宜少于一个月。

4.3 实习内容及要求

4.3.1 市政工程技术专业顶岗实习岗位的实习内容及要求应符合表 4.3.1 的要求。

市政工程技术专业顶岗实习岗位的实习内容及要求　　　　　表 4.3.1

序号	实习项目	实习内容	实习目标	实习要求
1	市政工程施工技术管理	（1）熟悉国家的技术标准和规范； （2）审查图纸，编制施工方案，提出材料计划； （3）技术及安全交底； （4）现场技术管理、资料管理； （5）控制进度，文明施工； （6）施工过程质量、进度、成本控制	（1）具备组织协调、合作沟通能力； （2）能编制施工组织设计； （3）能组织施工，进行施工放样测量； （4）能进行施工现场质量、进度、成本、安全、资料管理； （5）会审专业施工图纸，能根据施工实际对设计图纸提出合理的修正意见； （6）能绘制市政工程竣工图； （7）能处理施工过程中出现的一些简单问题	（1）企业指导老师指导为主； （2）学生填写顶岗实习周记； （3）企业指导教师填写顶岗实习日志； （4）学校指导教师填写顶岗实习教师日志

序号	实习项目	实习内容	实习目标	实习要求
2	市政工程施工质量管理	（1）熟悉市政工程施工与质量验收规范； （2）材料的进场检验及送试； （3）检查项目质量计划的实施情况，做好记录； （4）市政工程各分部分项工程的质量监督、检查和验收； （5）参与实施单位或分部工程的质量交底，参加对新工艺、新技术的质量保证编制措施； （6）隐蔽工程的记录，隐蔽工程验收，分项工程质量检验评定，分部工程、单位工程质量检验评定，基础、结构验收，竣工验收； （7）质量事故的分析及处理； （8）受理和解释业主及有关方面的质量咨询及质量投诉	（1）具有严谨的工作态度和实事求是的工作作风； （2）具备组织协调、合作沟通能力； （3）能验算市政工程结构构造和一般构件； （4）能进行市政工程质量检验与评定； （5）能处理一般工程质量缺陷； （6）能进行测量与变形观测	（1）企业指导老师指导为主； （2）学生填写顶岗实习周记； （3）企业指导教师填写顶岗实习日志； （4）学校指导教师填写顶岗实习教师日志
3	市政工程施工资料管理	（1）进行工程项目资料、图纸等的收集、汇总、归档及管理； （2）填写分部分项工程验收资料； （3）编制竣工验收文件； （4）工程项目的内业管理工作及其他任务	（1）具有团结协作、科学严谨的工作态度； （2）会进行资料分类、汇总、整理、归档； （3）能正确填写分部分项工程的验收资料； （4）具备整理施工技术资料的能力； （5）具备资料信息系统管理的能力	（1）企业指导老师指导为主； （2）学生填写顶岗实习周记； （3）企业指导教师填写顶岗实习日志； （4）学校指导教师填写顶岗实习教师日志
4	市政工程施工造价管理	（1）熟习相关法律法规； （2）收集经济技术资料； （3）编制投标报价、招标控制价文件； （4）编制施工图预算； （5）编制工程结算； （6）编制工程变更、索赔造价文件； （7）处理市政工程造价纠纷	（1）具有严谨的工作作风和良好的职业道德； （2）具有正确应用定额、执行相关法律法规的能力； （3）能编制市政工程清单计价文件； （4）能编制市政工程招标控制价、投标报价文件； （5）能编制市政工程施工图预算、竣工结算文件； （6）会计算市政工程工程变更、索赔造价； （7）能处理简单市政工程造价纠纷	（1）学校、企业指导老师共同指导； （2）学生填写顶岗实习周记； （3）企业指导教师填写顶岗实习日志； （4）学校指导教师填写顶岗实习教师日志

序号	实习项目	实习内容	实习目标	实习要求
5	市政工程施工安全管理	（1）熟悉国家地方有关主管部门关于安全的方针政策、规范、制度； （2）参与检查督促施工现场的安全生产、劳动保护等各项安全规定的落实； （3）安全技术措施编制、安全技术交底； （4）安全检查与控制； （5）安全防范和事故处理	（1）树立安全生产、劳动保护意识； （2）能编制市政工程安全技术措施； （3）能对各分部分项工程施工的安全注意事项进行安全交底； （4）能够对各分部分项工程安全防护、安全操作、施工质量进行监督检查，能及时发现问题并解决，消除安全和质量隐患	（1）企业指导老师指导为主； （2）学生填写顶岗实习周记； （3）企业指导教师填写顶岗实习日志； （4）学校指导教师填写顶岗实习教师日志

4.3.2　顶岗实习应根据实习单位情况进行岗位轮换，轮岗实习周期宜结合具体工程项目进行安排。

4.4　指导教师配备

4.4.1　顶岗实习必须配备一定数量的校内指导教师和企业指导教师，共同管理和指导学生顶岗实习，且应以企业指导教师指导为主。

4.4.2　各校应根据学生人数合理配置校内指导教师，每班宜配置1～2名校内指导教师，负责顶岗实习全过程管理及指导。校内指导教师应满足以下要求：

（1）具有扎实的市政专业理论知识和丰富的市政工程实践经验。

（2）具有一定的管理能力，且具备中级及以上职称的"双师型"教师。

4.4.3　各实习基地应根据各自单位的具体岗位、实习学生人数等情况合理配置一定数量的企业指导教师，每个实习基地的一个岗位至少配置1名企业指导教师。企业指导教师应在市政专业工作岗位工作不少于3年，且具有丰富的岗位工作经验。

4.5　实习考核

4.5.1　学校应与顶岗实习基地（岗位）共同建立对学生的顶岗实习考核制度，共同制定实习评价标准。

4.5.2　顶岗实习考核应由学校组织，学校、企业、学生顶岗实习组织机构共同实施，以企业考核为主。

4.5.3　顶岗实习成绩应按优秀、良好、合格与不合格四级制评定。

5. 实习组织管理

5.1 一般规定

5.1.1 学校、企业和学生本人应订立三方协议，规范各方权利和义务。

5.1.2 学生实习期间，必须按国家有关规定购买意外伤害保险。

5.1.3 顶岗实习前，学校、顶岗实习基地（单位）应对学生进行以下教育培训：

（1）进行岗前动员培训。

（2）进行职业道德、遵守企业各项规章制度和国家的各项法律法规教育培训。

（3）进行企业文化、安全教育培训。

（4）进行企业商业机密保守、知识产权保护培训。

5.1.4 学校与顶岗实习基地（单位）应建立顶岗实习组织管理机构，共同制定顶岗实习计划，共同负责组织、管理、安排和协调学生顶岗实习事宜。

5.2 各方权利和义务

5.2.1 学校应享有的权利和应履行的义务是：

（1）进行顶岗实习基地（单位）的规划和建设，根据专业性质的不同，建立数量适中、布点合理、稳定的顶岗实习基地（单位）。

（2）根据专业培养方案，为学生提供符合要求的顶岗实习岗位。

（3）全面负责顶岗实习的组织、实施和管理。

（4）配备责任心强、有实践经验的顶岗实习指导教师和管理人员。

（5）对顶岗实习基地（单位）的指导教师进行必要的培训。

（6）根据顶岗实习单位的要求，优先向其推荐优秀毕业生。

5.2.2 顶岗实习基地（单位）应享有的权利和应履行的义务是：

（1）建立顶岗实习管理机构，安排固定人员管理顶岗实习工作，并选派有经验的专业人员担任顶岗实习指导教师，承担业务指导的主要职责。

（2）负责对顶岗实习学生工作时间内的管理。

（3）参与制定顶岗实习计划。

（4）为顶岗实习学生提供必要的住宿、工作、学习、生活条件，提供或借用劳动防护用品。

（5）享有优先选聘顶岗实习学生的权利。

（6）依法保障顶岗实习学生的休息休假和劳动安全卫生。

（7）宜根据相关法律法规和企业实际情况每月支付学生一定的劳动报酬。

5.2.3 顶岗实习学生应享有的权利和应履行的义务是：

（1）遵守国家法律法规和顶岗实习基地（单位）规章制度，遵守实习纪律。

（2）服从领导和工作安排，尊重、配合指导教师的工作，及时对实习提反馈意见和建议，与顶岗实习基地（单位）员工团结协作。

（3）认真执行工作程序，严格遵守安全操作规程。

（4）依法享有休息休假和劳动保护权利。

（5）遵守保密规定，不泄露顶岗实习基地（单位）的技术、财务、人事、经营等机密。

（6）学生在顶岗实习期间所形成的一切工作成果均属顶岗实习基地（单位），将其应用于顶岗实习工作以外的任何用途，均需顶岗实习基地（单位）的同意。

5.3 实 习 过 程 管 理

5.3.1 各院校应当建立健全顶岗实习管理制度。要加强监督检查，协调实习单位，共同做好顶岗实习管理工作，保证顶岗实习工作安全和有序。

5.3.2 学校应当对学生顶岗实习的单位、岗位进行实地考察，考察内容应包括：学生实习岗位工作性质、工作内容、工作时间、工作环境、生活环境及安全防护等方面。

5.3.3 学生进入岗位前，学校应召开岗前动员会，布置顶岗实习任务。

5.3.4 学校应配备指导教师进行顶岗实习全过程管理。校内实习指导教师应建立实习日志，通过现代化信息手段和巡回实地检查，跟踪检查顶岗实习情况，及时处理顶岗实习中出现的有关问题，确保学生顶岗实习工作的正常秩序。

5.3.5 建立学校、实习单位和学生家长定期信息通报制度。学校向家长通报学生顶岗实习情况。学校与实习单位共同做好顶岗实习期间的教育教学工作。

5.4 实 习 安 全 管 理

5.4.1 学校和实习单位在学生顶岗实习期间，应当维护学生的合法权益，确保学生在实习期间的人身安全和身心健康。学生顶岗实习日工作时间不得超过劳动法的有关规定。

5.4.2 学校和实习单位应当加强顶岗实习学生安全意识教育、岗前安全生产教育和培训，保证顶岗实习学生具备必要的安全生产知识和自我保护能力，掌握本岗位的安全操作技能。未经安全生产教育和培训的实习学生，不得顶岗作业。

5.4.3 学校和实习单位应加强学生在实习期间的住宿管理，并在三方顶岗实习协议中作出明确约定，保障学生的住宿安全。

5.4.4 实习单位应当根据接收学生实习的需要，建立、健全本单位安全生产责任制，制定相关安全生产规章制度和操作规程，制定并实施本单位的生产安全事故应急救援预案，为实习场所配备必要的安全保障器材。

5.4.5 顶岗实习期间学生人身伤害事故的赔偿，应当依据《中华人民共和国侵权责任法》和教育部《学生伤害事故处理办法》等有关规定处理。

5.5 实 习 经 费 保 障

5.5.1 学校应制定实习专项经费实施细则。

5.5.2 实习经费应实行专款专用。

5.5.3 实习经费开支范围可包括：实习教学指导教师的交通费、住宿费、补助费、学生意外伤害保险费，实习教学资料费，实习单位的实习教学管理费、参观费，聘请实习单位技术人员指导费及授课酬金等。

5.5.4 经费支出应符合现行的财务管理制度。

高职高专教育房地产经营与估价专业

顶岗实习标准

1. 总 则

1.0.1　为了推动房地产经营与估价专业校企合作、工学结合人才培养模式改革，保证顶岗实习效果，提高人才培养质量，特制定本标准。

1.0.2　本标准依据房地产经营与估价专业学生的专业能力和知识的基本要求制定，是《高职高专教育房地产经营与估价专业教学基本要求》的重要组成部分。

1.0.3　本标准是学校组织实施房地产经营与估价专业顶岗实习的依据，也是学校、企业合作建设房地产经营与估价专业顶岗实习基地的标准。

1.0.4　房地产经营与估价专业顶岗实习应达到的教学目标是：

（1）在职业素养上具有全新的适应市场需求的房地产经营管理理念、扎实的专业知识和职业技能、良好的职业道德、熟练的沟通技巧和协调能力。

（2）在职业内涵上加深对所学法律法规、外语、房产统计、计算机操作、应用文写作等基础文化知识领会和贯通能力。

（3）增强学生质量意识和安全生产意识。

（4）增强学生团队协作能力及组织协调和沟通交往意识。

（5）使学生能够将所学知识与技能综合应用于岗位实践，获取初步的岗位工作经验。

1.0.5　房地产经营与估价专业的顶岗实习，除应执行本标准外，尚应执行《高职高专教育房地产经营与估价专业教学基本要求》和国家相关法律法规。

2. 术　语

2.0.1　顶岗实习

顶岗实习是指高等职业院校根据专业培养目标要求，组织学生以准员工的身份进入企（事）业等单位专业对口的工作岗位，直接参与实际工作过程，完成一定工作任务，以获得初步的岗位工作经验、养成良好职业素养的一种实践性教学形式。

2.0.2　顶岗实习基地

顶岗实习基地是指具有独立法人资格，具备接受一定数量学生顶岗实习的条件，愿意接纳顶岗实习，并与学校具有稳定合作关系的企（事）业等单位。

2.0.3　企业资质

企业资质是指企业在从事某种行业经营中，应具有的资格以及与此资格相适应的质量等级标准。企业资质包括企业的人员素质、技术及管理水平、工程设备、资金及效益情况、承包经营能力和建设业绩等。

2.0.4　实习指导教师

实习指导教师是指专门负责学生顶岗实习指导、管理的学校教师和企（事）业有经验的专业技术人员。

2.0.5　实习协议

实习协议是按照《中华人民共和国职业教育法》及各省、市、自治区劳动保障部门的相关规定，由学校、企业、学生达成的实习协议。

3. 实 习 基 地 条 件

3.1 一 般 规 定

3.1.1 学校应建立稳定的顶岗实习基地。顶岗实习基地应建立在具有独立法人资格、自愿接纳学生顶岗实习的从事工业设备安装安装工程设计、施工、工程咨询、运行管理与设备销售等业务的具有相应企业资质的单位。

3.1.2 顶岗实习基地应具备以下基本条件：

(1) 有常设的实习管理机构和管理人员。

(2) 有健全的实习管理制度。

(3) 有完备的劳动保护和职业卫生条件。

3.1.3 顶岗实习基地宜提供与本专业培养目标相适应的职业岗位，并应对学生实施轮岗实习。

3.2 资 质 与 资 信

3.2.1 顶岗实习基地的资质应满足以下要求：

(1) 具有良好信誉在业内有一定影响的房地产经营管理骨干企业，并且是企业运营态势良好、经营和管理状况稳健、自愿接纳学生顶岗实习企业。另外该企业应能提供多元化岗位，以利于市场波动状态下的学生职业生涯规划和逐步上升。

(2) 经营范围应包括房地产项目开发、房地产经营、房地产估价、房地产营销、房屋租售代理和行纪、房地产项目售后维护管理和招商运营等。

(3) 具有完善的管理制度和服务体系，有良好的人才培养和管理机制，在岗位提供和带教老师的配备上能充分满足达成实习目标的需要。

3.2.2 顶岗实习基地的资信应满足以下要求：

(1) 实习单位的营业执照，资质证书，安全生产许可证，税务登记证，组织机构代码齐全，内容真实正确。

(2) 实习单位近三年无重大人为安全事故。

(3) 企业信用等级优良（A级及以上），业界评价好。

3.3 场 地 与 设 施

3.3.1 实习场地主要工程内容应能满足本专业学生顶岗实习教学要求。

3.3.2 实习场地应有固定的办公场所，能提供必要的工作条件，网络、移动通信畅通。

3.3.3 实习场地宜为学生提供必需的食宿条件和劳动防护用品，并保障学生实习期间的生活便利、饮食安全和人身安全。

3.4 岗 位 与 人 员

3.4.1 顶岗实习基地应提供不少于 2 个实习岗位。

3.4.2 顶岗实习基地每个岗位接收学生人数不宜超过 5 人。

4. 实习内容与实施

4.1 一 般 规 定

4.1.1 学校应根据顶岗实习内容选择适宜的岗位项目。

4.1.2 顶岗实习的内容安排应与专项技能实训、综合实训有机衔接。

4.1.3 顶岗实习岗位应包括房地产经纪、置业顾问、房地产市场调研、房地产金融服务、行政助理、案场助理、销售策划、房地产投资分析、房地产估价、房产项目招商等。

4.2 实 习 时 间

4.2.1 顶岗实习累计时间原则上为半年，宜安排在第三学年第一学期或第二学期。

4.2.2 各学校宜利用假期等适当延长顶岗实习时间。

4.3 实习内容及要求

顶岗实习中应注重学生房地产市场调研、项目投资分析、项目价值估算、项目经营、营销和经纪等职业技能和素养的强化培养。以下 5 大类实习项目是本专业顶岗实习的主要内容。

高职房地产经营与管理专业的顶岗实习内容 表 4.3.1

序号	实习项目	时间	工作任务	职业技能与素养
1	市场调研	6 周	(1) 踏勘 (2) 项目比较分析 (3) 楼书设计与使用 (4) 客户联系与定位	(1) 沟通与协调能力 (2) 信息获取和处理能力 (3) 现有资料分析能力 (4) 学习与创新能力
2	营销策划和实施	12 周	(1) 房地产项目营销策划 (2) 房地产项目营销方案执行 (3) 市场拓展 (4) 客户维护 (5) 案场助理	(1) 营销知识运用与文书写作能力 (2) 营销计划方案执行能力 (3) 学习与创新能力 (4) 沟通与协调能力
3	经纪	12 周	(1) 房地产项目销售代理 (2) 房地产租赁代理经纪 (3) 其他房地产居间活动 (4) 案场助理	(1) 合理运用法律法规服务客户能力 (2) 获取市场信息并使之有利于企业运营能力 (3) 学习与创新能力 (4) 沟通与协调能力 (5) 金融工具应用和服务能力 (6) 行政事务管理处理能力

序号	实习项目	时间	工作任务	职业技能与素养
4	招商经营	12周	(1) 市场拓展 (2) 客户开拓 (3) 客户维护管理 (4) 房地产项目经营管理	(1) 市场发掘 (2) 客户筛选与服务能力 (3) 沟通与协调能力 (4) 学习与创新能力
5	房地产估价	12周	(1) 市场交易数据获取与整理 (2) 市场分析 (3) 估价项目勘察 (4) 价值估算 (5) 估价报告撰写	(1) 数据录入、整理与分析能力 (2) 市场分析与预测能力 (3) 估价对象分析能力 (4) 项目价值估算能力 (5) 估价报告阅读与撰写能力

注：实习内容可以交替穿插进行。

4.4 实习指导教师

4.4.1 顶岗实习必须配备一定数量的校内实习指导教师和企业实习指导教师，共同管理和指导学生顶岗实习，且应以企业实习指导教师指导为主。

4.4.2 校内实习指导教师的配备应符合以下要求：

（1）学校指导教师应有三年以上房地产经营与估价专业的教学工作经历，担任过一门以上专业课程的教学，独立指导过本专业认知操作实训和专业综合实训等实践教学环节。

（2）学校指导教师应具有讲师以上职称，并具有双师素质。

（3）学校应根据学生人数合理配置校内指导教师，每班宜配置 2～3 名校内指导教师，负责顶岗实习全过程管理及指导。

4.4.3 企业实习指导教师的配备应符合以下要求：

（1）企业指导教师应具有中、高级技术职称，或应是企业主管级或部门经理级管理人员，一般应具有相应岗位 3～5 年的工作经历。

（2）各实习基地应根据各自单位的具体岗位、实习学生人数等情况合理配置一定数量的企业指导教师，每个实习场地至少配置 1 名企业指导教师。

4.5 实习考核

4.5.1 顶岗实习考核应由学校组织，学校、企业共同实施，以企业考核为主，对学生在实习期间的工作表现、工作质量、知识运用和技术技能掌握情况等进行考核。

4.5.2 考核成绩构成：实习成绩由实习基地（单位）和学校两部分考核成绩构成，比例由学校和企业商定。

4.5.3 实习单位要对学生在实习岗位的表现情况进行考核，由实习指导教师签字并加盖单位公章。

顶岗实习教学文件和资料包括：①顶岗实习协议；②顶岗实习计划；③学生顶岗实习报告；④学生顶岗实习成绩或顶岗实习考核表；⑤顶岗实习日（周）志；⑥顶岗实习巡回检查记录；⑦学生诚信记录。

4.5.4　成绩应按优秀、良好、合格、不合格四个等级评定。

5. 实习组织管理

5.1 一般规定

5.1.1 学校、企业和学生本人应订立三方协议，规范各方权利和义务。

5.1.2 学生实习期间，必须按国家有关规定购买意外伤害保险。

5.1.3 顶岗实习前，学校、顶岗实习基地应对学生进行以下教育培训：

（1）学校应对学生进行实习动员和安全文明教育，动员时间不宜少于 2 学时。

（2）顶岗实习基地应在实习前对学生进行实习项目的基本操作规程和安全文明生产教育，时间不宜少于 4 学时。

5.1.4 学校与实习基地应共同建立顶岗实习组织管理机构，共同制定顶岗实习计划，共同负责组织、管理、安排和协调学生顶岗实习事宜。

5.2 各方权利和义务

5.2.1 学校应享有的权利和应履行的义务是：

（1）进行顶岗实习基地的规划和建设，根据专业性质的不同，建立数量适中、布点合理、稳定的顶岗实习基地。

（2）根据专业培养方案，为学生提供符合要求的顶岗实习岗位。

（3）全面负责顶岗实习的组织、实施和管理。

（4）配备责任心强、有实践经验的顶岗实习指导教师和管理人员。

（5）对顶岗实习基地的指导教师进行必要的培训。

（6）根据顶岗实习基地的要求，优先向其推荐优秀毕业生。

（7）对不符合实习条件和不能落实应尽义务的实习单位进行更换。

5.2.2 顶岗实习基地应享有的权利和应履行的义务是：

（1）建立顶岗实习管理机构，安排固定人员管理顶岗实习工作，并选派有经验的专业技术人员担任顶岗实习指导教师，承担业务指导的主要职责。

（2）负责对顶岗实习学生工作时间内的管理。

（3）参与制定顶岗实习计划。

（4）为顶岗实习学生提供必要的住宿、工作、学习、生活条件，提供或借用劳动防护用品。

（5）享有优先选聘顶岗实习学生的权利。

（6）依法保障顶岗实习学生的休息休假和劳动安全卫生。

5.2.3 顶岗实习学生应享有的权利和应履行的义务是：

（1）遵守国家法律法规和顶岗实习基地规章制度，遵守实习纪律。

（2）服从领导和工作安排，尊重、配合指导教师的工作，及时反映实习的反馈意见和建议，与顶岗实习基地员工团结协作。

（3）认真执行工作程序，严格遵守安全操作规程。

（4）依法享有休息休假和劳动保护权利。

（5）遵守保密规定，不泄露顶岗实习基地的技术、财务、人事、经营等机密。

（6）学生在顶岗实习期间所形成的一切工作成果均属顶岗实习基地，若将其应用于顶岗实习工作以外的任何用途，均需获得顶岗实习基地的同意。

5.3 实习过程管理

5.3.1 学校和实习单位在学生顶岗实习期间，应当维护学生的合法权益，确保学生在实习期间的人身安全和身心健康。

5.3.2 学校组织学生顶岗实习应当遵守相关法律法规，制定具体的管理办法，并报上级教育行政部门和行业主管部门备案。

5.3.3 学校应当对学生顶岗实习的单位、岗位进行实地考察，考察内容应包括：学生实习岗位工作性质、工作内容、工作时间、工作环境、生活环境及安全防护等方面。

5.3.4 学生到实习单位顶岗实习前，学校、实习单位、学生应签订三方顶岗实习协议，明确各自责任、权利和义务。对于未满 18 周岁的学生，应由学校、实习单位、学生与法定监护人（家长）共同签订，顶岗实习协议内容必须符合国家相关法律法规要求。

5.3.5 学校和实习单位应当为学生提供必要的顶岗实习条件和安全健康的顶岗实习劳动环境。不得通过中介机构有偿代理组织、安排和管理学生顶岗实习工作；学生顶岗实习应当执行国家在劳动时间方面的相关规定。

5.3.6 建立学校、实习单位和学生家长定期信息通报制度。学校向家长通报学生顶岗实习情况。学校与实习单位共同做好顶岗实习期间的教育教学工作。

5.3.7 顶岗实习基地接收顶岗实习学生人数超过 20 人以上的，学校应安排一名实习指导教师与企业共同指导与管理实习学生，有条件的学校宜根据实习学生分布情况按地区建立实习指导教师驻地工作站。

5.3.8 学生顶岗实习期间，遇到问题或突发事件，应及时向实习指导教师和实习单位及学校报告。

5.4 实习安全管理

5.4.1 学校和实习基地在学生项岗实习期间，应当维护学生的合法权益，确保学生在实习期间的人身安全和身心健康。学生顶岗实习工作时间原则上不得超过劳动法的有关规定。

5.4.2 学校顶岗实习管理领导小组检查监控二级学院（系）顶岗实习过程，各二级学院（系）顶岗实习工作小组要注重实习过程中的安全教育、防护工作，确定安全管理责任人。

5.5 实习经费保障

5.5.1 实习教学经费是指由学校预算安排，属实习教学专项经费，应实行"统一计划、统筹分配、专款专用"的原则。任何单位和个人不得挤占、截留和挪用。

5.5.2　实习教学经费开支范围可包括：校内实习指导教师的交通费、住宿费、课时费，学生意外伤害保险费，实习教学资料费，实习基地的实习教学管理费、授课酬金等。

5.5.3　鼓励有条件的实习基地向顶岗实习学生支付合理的实习补助。实习补助的标准应当通过签订顶岗实习协议进行约定。不得向学生收取实习押金和实习报酬提成。

本标准用词说明

为了便于在执行本标准条文时区别对待，对要求严格程度不同的用词说明如下：

1. 表示很严格，非这样做不可的用词：

正面词采用"必须"；

反面词采用"严禁"。

2. 表示严格，在正常情况下均应这样做的用词：

正面词采用"应"；

反面词采用"不应"或"不得"。

3. 表示允许稍有选择，在条件许可时首先应这样做的用词：

正面词采用"宜"或"可"；

反面词采用"不宜"。

附 录

1. 顶岗实习任务书及实习计划（格式）

一、目标要求

顶岗实习是理论联系实践的教学环节。学生通过参加具体的设计实践或管理实践工作，使课堂上学到的理论知识及操作技能和实际工作相结合，进一步提高学生认识社会和适应毕业后工作的能力，为今后的工作做准备。

二、实习岗位

实习岗位包括×××岗位、×××岗位，以及专业相关的岗位。

三、实习内容

×××专业顶岗实习内容

序号	实习项目	工作任务	职业技能与素养
1			
2			

四、实习时间安排

顶岗实习时间总计××周。可以结合实习单位的实际情况，参与多项实习内容，单项实习内容的时间不少于××周。

五、提交的实习成果

顶岗实习结束后，需提交实习成果，成果包括：

1. 实习日记：学生每天须简明记叙和整理当天实习内容或心得体会，并加以分析。

2. 实习报告：实习结束后随交 1 份实习报告——即实习成果汇报，字数不少于 2000 字。

3. 由实习单位对学生实习情况作出鉴定（盖章）。

4. ×××××。

六、成绩评定

顶岗实习成绩由校内指导教师和企业指导教师根据学生实习的平时表现（含实践系统填写）、实习日记、实习成果等，共同评定。

成绩采用优秀、良好、合格、不合格（60 分以下）的四级记分制。

七、实习要求

（一）思想道德要求

1. 顶岗实习学生应端正学习态度，树立正确的人生观。

2. 培养爱岗敬业、踏实肯干的工作作风，热爱本职工作。

3. 认识社会、融入社会，养成良好的社会责任感。

4. 培养谦虚好学、与人合作的团队精神，在竞争中磨炼自己、在合作中提高自己。

（二）业务要求

1. 毕业实习的项目选题应当和实习单位的具体工程项目结合，要求真题真做，紧密联系岗位要求。

2. 有设计图纸及其他文件，其标准和图纸深度均必须符合国家相应的设计规范和设计深度要求。

3. 规划设计类：内容完整，图纸深度应达到国家相关标准的要求，实习成果应有本人签名，并由设计单位出具证明。

4. 管理类：规划管理方面的实习总结报告，要求内容丰富、联系实际，避免空洞。

5. 指导记录、实习心得、实习日记等应按要求及时登录实习网站做好记录。

（三）纪律要求

1. 学生应自觉遵守国家法律法规和实习单位的规章制度，维护实习教学秩序。

2. 学生不得无故不参加毕业实习，如确因特殊情况不能参加实习者，由个人提出申请，家长同意，并报系部批准备案。实习过程中，应严格遵守作息制度，不得迟到、早退；有事必须按实习单位的有关规定办理请假手续。

3. 严格遵守操作规程、劳动纪律，爱护劳动工具、仪器设备，保证实习安全，如有违反，根据情节轻重给予批评教育、纪律处分，直至开除学籍。

4. 凡中途要求变更实习单位的学生，必须填写《变更实习单位申请表》提前报系部备案。

（四）其他

1. 学校或指导教师通知学生到校时，每个学生应该按时返校，不得随意缺席。

2. 学生应通过各种联系方式，每周和指导老师至少联系一次，汇报实习情况。

2. 顶岗实习总结报告（格式）

×××××职业技术学院
学生顶岗实习报告

专业＿＿＿＿＿＿＿＿＿＿

班级＿＿＿＿＿＿＿＿＿＿

姓名＿＿＿＿＿＿＿＿＿＿

学号＿＿＿＿＿＿＿＿＿＿

二〇一　　年　月

×××印制

一、顶岗实习基本情况

实习单位及地点	
工程（项目）名称	
学校指导教师	
企业指导教师	
实习时间起止时间及分岗位实习时间	
顶岗实习主要工作经历（分岗位描述）	

二、顶岗实习评价

自我评价	本人签名： 年　月　日
实习小组评价	建议实习成绩等级： 小组长签名： 年　月　日
学校指导教师评价	建议实习成绩等级： 所有指导教师签名： 年　月　日
企业指导教师评价	建议实习成绩等级： 所有指导教师签名： 年　月　日
实习单位评价	单位公章 年　月　日
顶岗实习总评成绩	评定人签名： 年　月　日

三、顶岗实习技术总结

顶岗实习期间参与的技术工作及从中学到的知识（4000字以上）

四、顶岗实习思想道德总结

思想观念、职业道德、团队合作、工作方法等方面的收获（500字以上）

五、对顶岗实习的意见和建议

顶岗实习组织安排、实习内容、考核方法等方面的意见和建议

3. 顶岗实习三方协议书（格式协议）

顶岗实习三方协议书

甲方（学生）：

学生姓名：　　　　　　　专业班级：

学　　号：　　　　　　　联系方式：

乙方（学校）：

学校名称：

指导教师姓名：　　　　　联系方式：

丙方（企业）：

企业的名称：

地　　　址：

法定代表人（或主要负责人）：

指导教师姓名：　　　　　联系方式：

　　为了确保顶岗实习的顺利进行和健康发展，学校与实习基地（单位）共同建立顶岗实习组织管理机构，共同制定顶岗实习计划，共同负责组织、管理、安排和协调学生顶岗实习事宜。学校、企业和学生订立三方协议，规范各方权利和义务。根据国家有关规定，经三方协商，特签订本协议。

　　一、实习时间及地点

　　实习时间：自＿＿年＿＿月＿＿日至＿＿年＿＿月＿＿日。

　　实习地点：

　　二、各方权利和义务

　　（一）甲方的权利和义务

　　1. 遵守国家法律法规和顶岗实习基地（单位）规章制度，安全管理条例，遵守实习纪律。

　　2. 服从领导和工作安排，尊重、配合指导教师的工作，及时吸收实习的反馈意见和建议，与顶岗实习基地（单位）员工团结协作。

　　3. 认真执行工作程序，严格遵守安全操作规程。

　　4. 依法享有休息休假和劳动保护权利。

　　5. 遵守保密规定，不泄露顶岗实习基地（单位）的技术、财务、人事、经营等机密。

　　6. 学生在顶岗实习期间所形成的一切工作成果均属顶岗实习基地（单位），若将其应用于顶岗实习工作以外，需获得顶岗实习基地（单位）的同意。

　　（二）乙方的权利和义务

1. 进行顶岗实习基地的规划和建设，根据专业性质的不同，建立数量适中、布点合理、稳定的顶岗实习基地（单位）。

2. 根据专业培养方案，为学生提供符合要求的顶岗实习岗位。

3. 全面负责顶岗实习的组织、实施和管理。

4. 配备责任心强、有实践经验的顶岗实习指导教师和管理人员。

5. 对顶岗实习基地（单位）的指导教师进行必要的培训。

6. 根据顶岗实习单位的要求，优先向其推荐优秀毕业生。

7. 学校和指导教师应对学生的住宿环境进行评估（在实习单位住宿时），消除安全隐患，制定安全预案。

8. 学生实习期间，学校应按国家有关规定购买意外伤害保险。

（三）丙方的权利和义务

1. 建立顶岗实习管理机构，安排固定人员管理顶岗实习工作，并选派有经验的专业人员担任顶岗实习指导教师，承担业务指导的主要职责。

2. 负责对顶岗实习学生工作时间内的管理。

3. 参与制定顶岗实习计划。

4. 为甲方提供必要的住宿、工作、学习、生活条件，提供或借用劳动防护用品。

5. 享有优先选聘顶岗实习学生的权利。

6. 依法保障顶岗实习学生的休息休假和劳动安全卫生。

三、实习待遇

1. 实习期间，丙方向甲方提供/不提供早上/中午/晚上工作餐；发放/不发放实习津贴，津贴标准按_____执行。

2. 除上述实习津贴和甲、丙方另有约定以外，实习期间甲方不享受丙方员工的工资、劳保福利等任何待遇，也不享受工伤待遇。

四、协议的生效

1. 本协议自甲、乙、丙三方签字之日起生效。

2. 协议未提及事项，应执行相关法律法规、管理规定，或由三方另行协商解决，并订立补充协议。

3. 本协议执行过程中如发生争议，三方应友好协商。如协商不成功，交由丙方所在地管辖人民法院裁决。

五、协议的终止与解除

1. 按教学计划安排的顶岗实习结束时间为本协议的终止时间。协议期内，甲、乙、丙三方均不得擅自终止本协议。任何一方如需解除协议，均应提前两周通知其他两方，获得其他两方同意并签署书面终止协议，否则应视为违约。违约方须向守约方赔偿经济损失。

2. 甲方违反本协议二（一）条有关甲方责任、权利和义务的规定，丙方可提前终止本协议，但应及时通知乙方并说明原因，由此产生的甲方经济损失和其他后果，由甲方负责。

本协议一式三份，甲乙丙三方各执一份，三方签章后生效。

甲方：（**学生签字**）　　　　乙方：（公章）　　　丙方：（**公章**）

乙方代表（签字）：　　　　　　　　　　丙方代表（签字）：

年　月　日　　　　　　　年　月　日　　　年　月　日